C.H.BECK  WISSEN

in der Beck'schen Reihe
2090

Als man damit begann, die Natur des Lichts zu erforschen, dachte wohl kaum jemand daran, daß es eines Tages möglich sein würde, mit Licht zu arbeiten, d. h. mit ihm Materialien zu bearbeiten, medizinische Eingriffe durchzuführen, Entfernungen zu messen und dergleichen mehr. Und doch ist die Erfindung des Lasers kein singuläres Ereignis, sondern baut auf den Forschungen der letzten 300 Jahre auf, die 1678 mit Huygens Deutung des Lichts als Welle eine entscheidende Wende nahmen und 1960 über die entsprechenden Arbeiten Einsteins, Heisenbergs und Schrödingers zum ersten Laser führten.

Dieses Buch erläutert die Grundlagen des Lasers und seine speziellen Eigenschaften, es erklärt die wichtigsten Lasersysteme, beschreibt ihre zentralen Anwendungsgebiete und vermittelt so einen umfassenden Überblick über eine der faszinierendsten Erfindungen der Gegenwart.

Prof. Dr. *Horst Weber* ist Physiker. Er lehrt Angewandte Laserphysik an der TU Berlin und ist Geschäftsführer der *Laser- und Medizin-Technologie Berlin GmbH*. Seine Forschungsschwerpunkte sind die Laserentwicklung und die Materialbearbeitung mittels Laser.

Horst Weber

LASER

Eine revolutionäre Erfindung
und ihre Anwendungen

Verlag C.H. Beck

Mit 50 Abbildungen und 9 Tabellen

Die Deutsche Bibliothek – CIP-Einheitsaufnahme

Weber, Horst:
Laser : eine revolutionäre Erfindung und ihre Anwendungen /
Horst Weber. – Orig.-Ausg. – München : Beck, 1998
  (Beck'sche Reihe ; 2090 : C. H. Beck Wissen)
  ISBN 3 406 43290 5

Originalausgabe
ISBN 3 406 43290 5

Umschlagentwurf von Uwe Göbel, München
© C. H. Beck'sche Verlagsbuchhandlung (Oscar Beck), München 1998
Gesamtherstellung: C. H. Beck'sche Buchdruckerei, Nördlingen
Gedruckt auf säurefreiem, alterungsbeständigem Papier
(hergestellt aus chlorfrei gebleichtem Zellstoff)
Printed in Germany

Inhalt

Einleitung

Der Laser gehört zu den bedeutendsten Erfindungen der letzten Jahrzehnte. Das gilt nicht nur für seine technische Anwendbarkeit, sondern auch für die Vertiefung unseres Verständnisses vom Licht. Der Laser findet Einsatz in Wissenschaft und Technik; in der Medizin, Biologie, Chemie, in der Meßtechnik und in der Materialbearbeitung. Zahlreiche neue Methoden der Fertigungstechnik sind nur mit dem Laser möglich. In der Meßtechnik und Spektroskopie wurden die Genauigkeiten um Größenordnungen erhöht. Musik- oder Bildaufzeichnungen auf kompakten Trägern mit hoher Speicherdichte (CD) benötigen ebenso den Laser wie Operationen am Auge. Die besonderen Eigenschaften des Laserlichts ermöglichen diese vielfältigen Anwendungen. Im folgenden wird zunächst auf die Erzeugung des Laserlichts eingegangen, um dann die speziellen Eigenschaften zu diskutieren, aus denen sich die Anwendungen ergeben. Ein Zitat aus einem „Sciencefiction"-Roman soll vorangestellt werden:

„Wir haben auch optische Werkstätten, wo wir Versuche mit sämtlichen Strahlen und Lichtarten sowie mit allen Farben anstellen. Aus durchsichtigen und farblosen Körpern erzeugen wir die einzelnen Farben, nicht nur in Form eines Regenbogens schillernd, wie es in Brillanten und Prismen geschieht, sondern durch sich selbst, einfach und selbständig. Außerdem bringen wir jede Vielfalt von Strahlen hervor, so daß wir Licht auf große Entfernungen aussenden und ihm solche Kraft und Stärke verleihen, daß man bei dieser Art Licht die zartesten Linien und Punkte erkennen kann ..."

Die etwas altertümliche Sprache deutet darauf hin, daß kein moderner Schriftsteller dieses formulierte. Das Zitat stammt aus dem utopischen Roman *Nova Atlantis*, 1624 verfaßt von *Francis Bacon* (1561–1626), und hört sich an wie ein Bericht aus einem modernen Optiklabor, in dem mit Laserlicht experimentiert wird. Man kann kaum glauben, daß diese Zeilen vor mehr als 370 Jahren geschrieben wurden. Francis Bacon, englischer Staatsmann und Philosoph des 17. Jahrhunderts, berichtet natürlich nicht von damals existierenden Lichtquellen, sondern von solchen, die man sich wünschte und die es vielleicht einmal in einem hochentwickelten Staat, in *Nova Atlantis*, geben würde.

Dieses Wunschbild zeigt, daß sich die Wissenschaftler schon immer der Mängel ihrer Lichtquellen bewußt waren. Die Intensität ist gering, die Strahlung besteht aus einer Vielzahl verschiedener Farben, und mit zunehmender Entfernung von der Lichtquelle nimmt die Intensität sehr schnell ab. Größere Entfernungen mit damaligen, irdischen Lichtquellen zu überbrücken, war schwierig und erforderte erheblichen Aufwand, wie beispielsweise die optischen Ausrüstungen der alten Leuchttürme zeigten. Schon immer bestand deshalb der Wunsch nach Lichtquellen geringer Abmessungen, die trotzdem hohe Leistungen liefern. Viele Anstrengungen wurden unternommen; man denke nur an den Auer-Glühstrumpf für die Gasbeleuchtung oder die modernen Hochdruck-Gasentladungslampen. Trotz aller technischen Fortschritte blieb die Lichtquelle von Francis Bacon lange Zeit ein Wunsch. Erst 1960 gelang es, den Laser zu realisieren, diese neuartige Lichtquelle, die ein Licht ganz besonderer Art erzeugt und den Wunschvorstellungen der Naturwissenschaftler und Ingenieure voll entspricht. Sowohl in der Art, wie Laserlicht erzeugt wird, als auch in seiner Qualität unterscheidet es sich prinzipiell vom Licht aller anderen Quellen. Das menschliche Auge ist nur begrenzt geeignet, diese besonderen Eigenschaften zu erkennen; hierzu bedarf es aufwendiger Meßeinrichtungen.

Das Wort LASER ist ein Akronym für *Light Amplification by Stimulated Emission of Radiation* (Lichtverstärkung durch stimulierte Emission von Strahlung). Um zu verstehen, wie der Laser funktioniert und wie sich Laserlicht von anderem Licht unterscheidet, müssen wir uns zunächst ein wenig mit der Natur des Lichts oder allgemeiner: mit den elektromagnetischen Wellen befassen.

1. Was ist Licht?

Die Antwort auf diese Frage kann sehr unterschiedlich ausfallen. Nehmen wir als Beispiel das faszinierende Schauspiel der Morgenröte. *Lord Rayleigh* (1842–1919) hatte hierfür die folgende, sehr prosaische Erklärung. Die Lichtstrahlen der aufgehenden Sonne müssen zum Beobachter einen sehr langen Weg durch die Atmosphäre zurücklegen. Hierbei wird ein Teil des Lichts an den Molekülen und Staubpartikeln in der Luft herausgestreut. Diese Streuung ist abhängig von der Farbe (Frequenz oder Wellenlänge) des Lichts. Blaues, kurzwelliges Licht (hohe Frequenz) wird sehr viel stärker gestreut als rotes, langwelliges (geringe Frequenz). Deshalb erscheint die aufgehende und auch die untergehende Sonne rötlich. Je nach Partikelart in der Atmosphäre kommt es zu herrlichen Farbspielen. Aus dem gleichen Grund erscheint der klare Himmel tagsüber blau, da wir in diesem Fall das an den Luftmolekülen bevorzugt gestreute blaue Licht sehen. Lord Rayleigh hat seine Erkenntnis mathematisch formuliert: „Die Streuung von Licht an kleinen Partikeln ist proportional der vierten Potenz der Lichtfrequenz." Sehr viel poetischer beschreiben die alten Griechen die Morgenröte als die rosenfingerige Göttin Eos, die sich jeden Morgen bemerkbar macht. Eine sehr treffende Beschreibung der ersten morgendlichen Lichtstrahlen, die sich ihren Weg über die peloponnesischen Berge suchen, reizvoll, aber unbrauchbar für Ingenieure.

Wir wollen uns im folgenden den Physikern anschließen. Für sie ist die Frage nach der Natur des Lichts beantwortet, wenn es einen mathematischen Formalismus gibt, der die Gesetzmäßigkeiten der Erzeugung und Ausbreitung exakt und widerspruchsfrei beschreibt. Nur dann haben die Ingenieure ein brauchbares Werkzeug, um z. B. optische Geräte konstruieren zu können. Wir sind heute überzeugt, daß ein solcher Formalismus vorliegt. Aber auch dieses ist nicht sicher, denn es kann immer wieder Experimente geben, die zeigen, daß die derzeit gültige Theorie einer Korrektur bedarf, wie *Karl*

Popper in „Objektive Erkenntnis" ausführlich erläutert hat. Dreimal in den letzten dreihundert Jahren hat sich die Vorstellung vom Licht geändert. Es begann mit Newtons Korpuskulartheorie, die durch die Huygensche Wellenvorstellung ersetzt wurde und schließlich in die quantenmechanische Theorie mündete. Ein langer Weg von den ersten optischen Geräten, die belegbar vor ca. 3 000 Jahren in China und Babylon geschaffen wurden, bis zur heute gültigen Quantenelektrodynamik. Es würde zu weit führen, diesen Weg mit all den Irrwegen nachzuzeichnen. Einige wesentliche Meilensteine, die zum Verständnis beitragen, sollen jedoch im folgenden vorgestellt werden.

1.1 Von den Lichtteilchen zu den Lichtwellen

Die geradlinige Ausbreitung von Lichtstrahlen galt lange Zeit als eine gesicherte Erkenntnis, bestätigt durch die alltäglichen Beobachtungen wie das Lichtbündel einer Taschenlampe, die Schattenbildung oder Sonnenstrahlen, die durch Öffnungen dringen. So war es nur folgerichtig, daß der Schöpfer der Punktmechanik, *Isaac Newton* (1643–1727), das Licht als Strom kleiner Teilchen betrachtete und darauf die Gesetze der Mechanik anwandte. Die Entstehung von Schatten und die Brechung von Licht beim Übergang von Luft in Gas oder Wasser konnte er mit dieser Vorstellung befriedigend erklären. Newton hat auch als erster nachgewiesen, daß Sonnenlicht sich in Strahlen verschiedener Farben zerlegen läßt. Er hat hierzu viele Experimente unternommen und unter anderen auch eingehend die Entstehung von farbigen Ringen an dünnen Ölfilmen auf Wasser untersucht. Die nach ihm benannten *Newtonschen Ringe* sind jedem bekannt, der einmal Diapositive gerahmt hat. Die Erklärung dieser Farberscheinungen mit der Teilchentheorie des Lichts ist auch Newton schwergefallen, und er mußte eine Reihe von Annahmen machen, die uns heute sehr künstlich erscheinen. Dabei gab es bereits zu seiner Zeit erste Hinweise auf die Wellennatur des Lichts von *Francesco Maria Grimaldi* (1618–1663). Obwohl Newton dessen

Versuche der Wirkung von Hindernissen und Öffnungen auf Licht wiederholte, blieb er bei seiner Teilchentheorie. Die entscheidende Wende brachte *Christian Huygens* (1629–1695) in seinem Werk „Traité de la Lumière". 1678 legte er seine Abhandlung der Pariser Akademie vor. Dieses Jahr gilt als das Geburtsjahr der Wellentheorie.

Um den fundamentalen Unterschied zwischen beiden Theorien zu verstehen, betrachten wir ein einfaches Experiment. Ein enger Spalt von einigen zehntel Millimetern Breite wird von einem möglichst parallelen Lichtbündel beleuchtet. Auf einem Schirm hinter dem Spalt wird das durchgelassene Licht aufgefangen. Besteht das Licht aus einem Strom kleiner Teilchen, wird auf dem Schirm die Projektion des Spaltes zu sehen sein, mit einem scharfen Hell-Dunkel-Übergang. Ist das Licht dagegen eine Welle, wird hinter dem Spalt ein Wellenfeld ent-

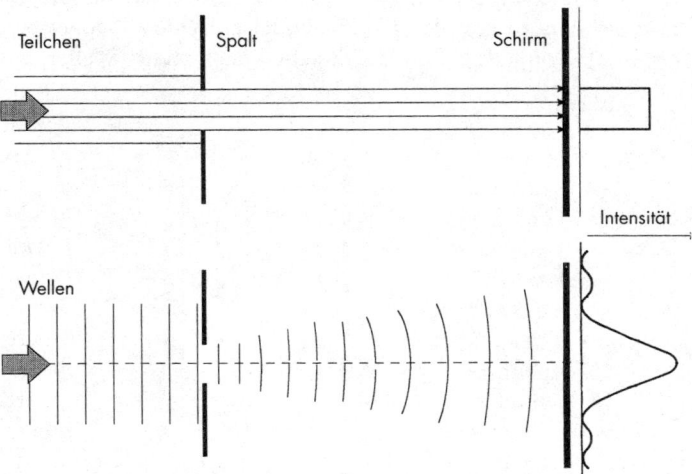

Abb. 1: Durchgang von Licht durch einen Spalt. Oben für den Fall eines Teilchenstromes: Die horizontalen Linien kennzeichnen die Bahnen der Teilchen. Unten für eine Welle: Diese erzeugt auf dem Schirm Intensitätsstrukturen, bedingt durch Beugung. Die vertikalen Linien markieren die Wellenberge.

11

stehen, welches den gesamten Raum ausfüllt. Auf dem Schirm entsteht als Folge der Überlagerung der Wellenfelder eine strukturierte Intensitätsverteilung, das *Spaltbeugungsbild* (Abb. 1).

Man sollte meinen, daß durch diesen einfachen Versuch die Entscheidung zwischen Teilchenstrom oder Welle leicht zu treffen sei. Jedoch stellt das Experiment hohe Anforderungen an die Qualität der Lichtquelle. Diese muß geringe Abmessungen besitzen, sollte möglichst einfarbig sein und trotzdem genügend Intensität besitzen. Diese Forderungen waren zur Zeit Newtons kaum zu erfüllen. Auch war den Wissenschaftlern unverständlich, wie sich z.B. eine Welle im Vakuum ausbreiten kann. Alle zur damaligen Zeit bekannten Wellen waren an Materie gebunden, wie die Schall- oder Wasserwellen. In den folgenden 200 Jahren wurden unzählige Versuche gemacht, um die Wellennatur des Lichts zu verifizieren. Einen überzeugenden Nachweis erbrachte *Thomas Young* (1773–1829) mit seinem *Doppelspalt-Experiment*. Bei diesem fällt ein nahezu paralleles Lichtbündel auf einen Doppelspalt (Abb. 2). Von jedem Einzelspalt gehen nach rechts Wellen aus

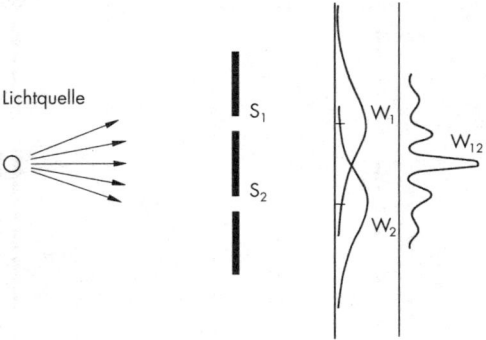

Abb. 2: Youngscher Doppelspalt-Versuch. Ein Doppelspalt wird mit einem Lichtbündel von links beleuchtet. Zur Vereinfachung wird angenommen, daß die Spalte sehr eng sind, so daß nicht die in Abb. 1 skizzierte Beugungsfigur entsteht. Wird ein Spalt abgedeckt, so ergeben sich jeweils die mit W_1 oder W_2 bezeichneten Intensitätsverteilungen auf dem Schirm. Werden beide Spalte geöffnet, so beobachtet man die Interferenzfigur W_{12}.

und überlagern sich auf dem Beobachtungsschirm (Interferenz). Dabei können sie sich verstärken oder auch abschwächen, je nachdem, ob ein Wellenberg auf einen Wellenberg oder ein Wellental trifft. Es entsteht eine Interferenzfigur, wie wir sie bei Wasserwellen beobachten können. Klassische Teilchenstrahlen können dagegen nicht interferieren und würden keine Interferenzstruktur liefern.

Trotzdem blieb die Natur dieser Wellen rätselhaft. Was schwingt? Die Lösung fanden *James Clerk Maxwell* (1831–1879) und *Heinrich Hertz* (1857–1894). Maxwell gelang es 1865, alle bekannten elektrischen und magnetischen Phänomene in den nach ihm benannten Gleichungen zusammenzufassen. Diese enthalten als Lösungen auch die elektromagnetischen Wellen, darunter z.B. die Radiowellen. Elektromagnetische Wellen bestehen aus einem elektrischen Feld E und einem magnetischen Feld H. Beide Felder oszillieren mit einer Frequenz v, der örtliche Abstand zweier Wellenmaxima ist die Wellenlänge λ (Abb. 3). Im Vakuum breiten sich die Wellen mit der Geschwindigkeit $c_0 \cong 3 \times 10^8$ m/s aus. Die verschiedenen elektromagnetischen Wellen wie Radar, Radiowellen und UKW unterscheiden sich in der Frequenz beziehungsweise Wellenlänge, wobei die beiden Größen im Vakuum über $\lambda \cdot v = c_0$ verknüpft sind (Abb. 4).

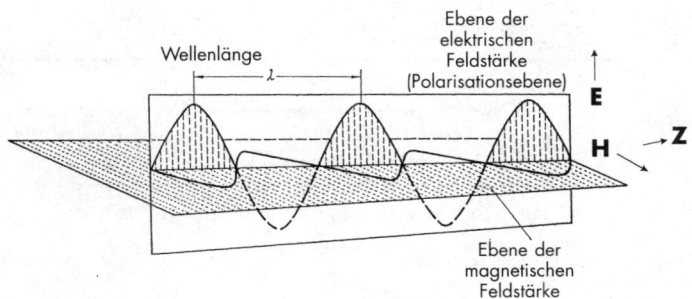

Abb. 3: Die elektromagnetische Welle besteht aus einem oszillierenden elektrischen Feld E und einem dazu senkrechten magnetischen Feld H. Beide Felder breiten sich in z-Richtung aus.

Bereits Maxwell vermutete, daß auch Licht eine elektromagnetische Welle sei. Den experimentellen Nachweis erbrachte Hertz im Jahre 1886. Damit schien die Frage nach der Natur des Lichts befriedigend gelöst zu sein.

Die Frage nach dem Trägermedium für diese Wellen hatte sich durch die Maxwellschen Gleichungen formal erledigt. Diese zeigten, daß elektromagnetische Wellen zu ihrer Ausbreitung kein materielles Medium benötigen, sondern sich auch im Vakuum fortpflanzen können. Ein noch tieferes Verständnis brachte dann die spezielle Relativitätstheorie.

Die oszillierenden Felder E und H bedürfen noch einer Erklärung. Bei mechanischen Wellen sind die oszillierenden Größen unmittelbar erkennbar, wie z.B. die Auslenkung einer Saite oder die Höhe eines Wasserberges. Bei den elektromagnetischen Wellen sind die Auslenkungen für das Auge nicht sichtbar, sondern können nur indirekt durch ihre Wirkungen auf geladene Teilchen nachgewiesen werden. Das elektrische Feld einer Welle bringt z.B. ein Elektron zum Schwingen. Das magnetische Feld dagegen wirkt nur auf bewegte Elektronen und bringt diese in gleicher Weise zum Schwingen. Die Wirkungen auf diese Teilchen können auf verschiedene Weise

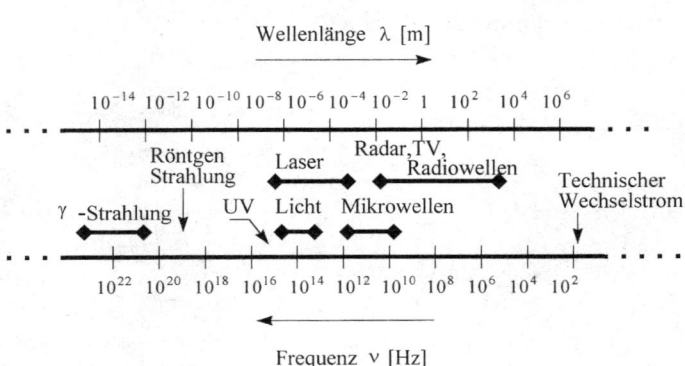

Abb. 4: Der Bereich der elektromagnetischen Wellen reicht von den Radiowellen über Infrarotstrahlung und Licht bis zu Röntgen- und Höhenstrahlen.

nachgewiesen werden. Auf der Netzhaut des Auges induziert das Licht über die gebundenen Elektronen der Moleküle in den Stäbchen und Zäpfchen elektrochemische Prozesse, die das Gehirn registriert. Beim Belichten eines Films ist es ebenfalls die Wechselwirkung des elektrischen Feldes mit den Elektronen der Silberatome, die zu chemischen Prozessen und letztlich zur Schwärzung führen. Ein Punkt blieb jedoch bis in die zwanziger Jahre dieses Jahrhunderts unklar: die quantitative Beschreibung der Wechselwirkung des Lichts mit den Elektronen. Zwar war man zunächst überzeugt, daß die richtige Kombination der Maxwellschen Theorie mit der Newtonschen Mechanik letztlich zum Ziel führen würde, aber alle entsprechenden Versuche schlugen fehl. Die Lösung dieses Problems wurde erst sehr viel später durch die Quantenmechanik geliefert. Mit dem Nachweis der Wesensgleichheit von Licht und elektromagnetischen Wellen durch H. Hertz wurde die Optik in die Elektrodynamik eingegliedert. Das Licht konnte durch eine Wellentheorie beschrieben werden, und es sah so aus, als ob damit alle Probleme im Bereich der Optik gelöst waren.

1.2 Von den Lichtwellen zu den Lichtkorpuskeln

Es war wiederum H. Hertz, welcher der Wellentheorie des Lichts den ersten Stoß versetzte. 1887 bemerkte er, daß eine elektrische Gasentladung durch blaues Licht beeinflußt werden kann. In sehr sorgfältigen Versuchen wurde in den folgenden Jahrzehnten gezeigt, daß durch die Wirkung von Licht aus einer Metalloberfläche Elektronen herausgelöst werden können. Ein Phänomen, das heute als *photoelektrischer Effekt* bekannt und die Grundlage zahlreicher opto-elektronischer Geräte ist. Die Freisetzung von Elektronen durch Licht erscheint zunächst nicht überraschend, denn das elektrische Feld einer Lichtwelle übt auf die in einem Metall befindlichen Elektronen eine Kraft aus. Ist diese hinreichend, so kann das Elektron die bindenden Kräfte überwinden und wird aus dem Atomverband herausgerissen. Es gelang damals jedoch nicht, diesen Prozeß quantitativ zu beschreiben. So würde man z. B. erwarten, daß mit zunehmender Lichtintensität die Elektronen das Metall immer schneller verlassen. Im Fall geringer Intensität sollten gar keine Elektronen auftreten. Die Experimente zeigten jedoch ein unerwartetes Ergebnis. Die Geschwindigkeit der austretenden Elektronen war völlig unabhängig von der Intensität des Lichts und damit auch unabhängig von der elektrischen Kraft. Selbst geringste Lichtintensitäten lösten Elektronen aus.

Es gab ein weiteres unverständliches Ergebnis. Die Geschwindigkeit der Elektronen ist um so größer, je höher die Frequenz des Lichts ist. Bei zu geringer Frequenz werden keine Elektronen ausgelöst. Wendet man die Gesetze der klassischen Mechanik an, erwartet man das umgekehrte Verhalten. Das Elektron sollte schnellen Feldstärkeoszillationen nicht folgen können und deshalb von sehr hohen Lichtfrequenzen kaum etwas spüren.

Diese Experimente waren mit der klassischen Newtonschen Punktmechanik und der Wellenvorstellung vom Licht nicht vereinbar. Beide Theorien waren anderseits in den vergangenen Jahrhunderten durch unzählige Experimente geprüft und bestätigt worden. Offensichtlich versagten die Theorien gerade bei der Wechselwirkung Licht-Materie, also dort, wo sie beide verknüpft wurden.

1905 gelang es *Albert Einstein* (1879–1955), den photoelektrischen Effekt wenigstens teilweise zu erklären, indem er eine Hypothese von *Max Planck* (1858–1947) erweiterte. Dieser hatte bereits 1900 den Begriff der *quantisierten Wechselwirkung* Licht – Atome eingeführt. Das bedeutete, daß ein Atom, genauer ein Elektron des Atoms, die Energie aus einem Strahlungsfeld nicht stetig, sondern nur in Sprüngen aufnehmen kann. Beträgt die Frequenz des Lichts ν, so kann die Energie nur in Einheiten $h \cdot \nu$ ausgetauscht werden. Die Konstante h, auch *Plancksches Wirkungsquant* genannt, hat einen sehr kleinen Zahlenwert (h = 6,6 · 10^{-34} Ws^2), so daß wir die Energiesprünge im täglichen Leben nicht bemerken. Planck benötigte diese seltsame Hypothese, um die Strahlungsgesetze erklären zu können, d.h., um beispielsweise die spektrale Emission glühender Körper quantitativ beschreiben zu können. Er war nicht sehr glücklich über seine Annahme, denn sie widersprach völlig der damaligen Physik. Er war auch sehr vorsichtig und behauptete nur, daß der Energieaustausch Licht – Atome quantenhaft erfolge.

Einstein ging einen Schritt weiter und behauptete, daß das Licht aus einem Strom von Partikeln bestehe, den *Photonen*, jedes von ihnen mit der Energie h·v behaftet. Damit konnte er sofort den photoelektrischen Effekt als einen „klassischen Stoß" erklären. Ein Photon trifft auf ein gebundenes Elektron. Die Energie des Photons wird voll auf das Elektron übertragen. Ein Teil dieser Energie wird benötigt, um das Elektron aus der Bindung zu befreien, der Rest wird dem Elektron als Bewegungsenergie (kinetische Energie: $m_e v^2/2$) mitgegeben. Die Energiebilanz des photoelektrischen Effekts nach Einstein lautet:

Energie des Photons = Bindungsenergie + Bewegungsenergie des Elektrons

Damit konnte der Photoeffekt teilweise erklärt werden. Die Intensität des Lichts hat keinen Einfluß auf die Energie des Elektrons, sondern nur auf die Zahl der ausgelösten Elektronen. Ist die Frequenz des Lichts hoch, so ist auch die Energie des Photons hoch und entsprechend die Bewegungsenergie des Elektrons. Ist die Frequenz des Lichts zu gering, reicht die Photonenenergie nicht aus, um die Bindungsenergie aufzubringen.

Diese Einsteinsche Arbeit deutete zwar den Photoeffekt, stürzte aber die Physiker in völlige Verwirrung. Das Licht bekam plötzlich einen ambivalenten Charakter: es zeigte sich einmal als Welle (in der Optik), ein andermal als Teilchenstrom (bei der Wechselwirkung). Besondere Probleme bereitete der Youngsche Doppelspalt-Versuch. Die in Abb. 2 skizzierte Interferenzerscheinung tritt nur dann auf, wenn beide Spalte geöffnet sind. Wenn ein Photon durch einen Spalt geht, woher weiß es dann, daß ein zweiter Spalt existiert? Das Photon muß aber Kenntnis vom anderen Spalt haben, wie könnte es sich sonst korrekt in die Interferenzfigur einordnen, die durch beide Spalte produziert wird? Oder teilt sich das Photon und geht durch beide Spalte? Es ist jedenfalls nicht möglich, das Licht vollständig in dem klassischen Teilchen- oder Wellenbild zu beschreiben. Man sprach deshalb vom *Teilchen-Welle-Dualismus*. Nur ein anderer Ausdruck dafür, daß keine in sich abgeschlossene Theorie des Lichts existierte.

Die Lösung brachte die Quantenmechanik. In einem ersten Schritt gelang es *Niels Bohr* (1865–1962), *Erwin Schrödinger* (1887–1975) und *Werner Heisenberg* (1901–1975) die Mechanik und die Wechselwirkung zwischen Licht und Materie auf eine neue Basis zu stellen. Sie beschrieb befriedigend alle bekannten Phänomene der klassischen Mechanik und der Atomphysik. Nur wenig später wurde die Quantenmechanik auf die elektromagnetischen Felder übertragen. Diese Theorie, die *Quantenelektrodynamik*, ist in der Lage, alle Phänomene der elektromagnetischen Felder und ihrer atomaren Wechselwirkung mit höchster Präzision zu beschreiben.

Was ist nun das Licht? Eine Welle oder ein Teilchenstrom? Die Antwort lautet weder noch. Das Licht ist ein quantenmechanisches System, ein Strom von Photonen. Diese Photonen zeigen zwar einige Eigenschaften klassischer Teilchen, aber sie sind keine. Licht kann weder durch die Newtonsche Punktmechanik noch durch die klassische Wellentheorie beschrieben werden, sondern nur durch die Quantenelektrodynamik. Es gibt Grenzfälle, wo die Maxwellschen Gleichungen eine sehr gute Näherung sind, es gibt andere Grenzfälle, wo dagegen der Teilchencharakter deutlich hervortritt. In den meisten Fällen sind sehr viele Photonen in einer Lichtwelle enthalten. Betrachten wir als Beispiel eine 100-Watt-Glühlampe. Diese produziert außer Wärme auch einen Lichtstrom von ca. 10 Watt. Dem entsprechen etwa 10^{20} Photonen, die pro Sekunde die Lampe verlassen. Die Photonen liegen äußerst dicht beieinander, so daß wir die körnige Struktur des Lichts gar nicht bemerken können. Trotzdem bedeutet es, daß es keine scharf definierte sinusförmige Lichtwelle gibt, wie sie in Abb. 3 dargestellt ist. Die Welle ist immer etwas unscharf als

Folge der statistischen Verteilung der Photonen, wie Abb. 5 zeigt. Es wird also prinzipiell nicht möglich sein, den zeitlichen Verlauf der elektrischen Feldstärke exakt zu bestimmen. Wir wissen nicht genau, wann die Amplitude der Welle durch Null geht und wie groß sie ist. Diese Unschärfen sind eine Folge der Quantenmechanik. Am Beispiel der Abb. 5 gilt die Unschärfe-Relation:

Unschärfe des Nulldurchganges multipliziert mit der Unschärfe der Photonenzahl ist etwa gleich eins.

Enthält die Welle sehr viele Photonen, kann der Nulldurchgang der Feldstärke sehr genau bestimmt werden. Handelt es sich um eine sehr schwache Lichtquelle mit nur wenigen Photonen, ist der Nulldurchgang der Welle nur ungenau bekannt.

Zum Abschluß sollen noch zwei wesentliche Aspekte betrachtet werden, die auf klassische Weise nicht zu erklären sind und die der Photonen bedürfen. Ein Körper, der sich auf einer hinreichend hohen Temperatur befindet, emittiert Licht; also sichtbare elektromagnetische Strahlung wie z. B. die Sonne. Das Sonnenlicht besteht aus Wellen der verschiedensten Frequenzen oder Farben, wie z. B. der Regenbogen zeigt. Wie sind die verschiedenen Farben (Frequenzen) verteilt?

Planck löste das Problem durch das von ihm formulierte und nach ihm benannte *Strahlungsgesetz*. Trägt man die Intensität

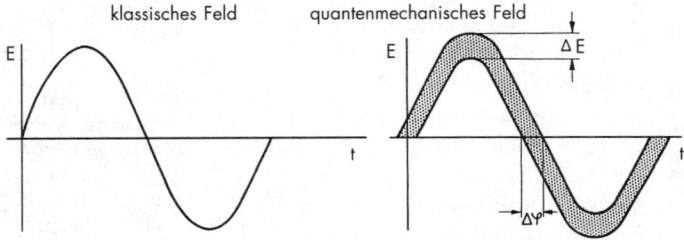

Abb. 5: Die klassische Lichtwelle links und die Lichtwelle der Quantenelektrodynamik. Dargestellt ist der zeitliche Verlauf der elektrischen Feldstärke E.

über der Frequenz des Lichts auf, ergibt sich für einen Temperaturstrahler (schwarzer Strahler) der in Abb. 6 skizzierte Verlauf der Emission. Ein schwarzer Strahler ist für die Physiker ein idealisierter Körper, z. B. eine geschwärzte Hohlkugel. Diese absorbiert elektromagnetische Wellen aller Frequenzen vollständig, d. h. nichts wird reflektiert und wird somit schwarz erscheinen. Wird dieser schwarze Körper aufgeheizt, so emittiert er gemäß dem Planckschen Strahlungsgesetz. Die Sonne ist in Näherung ein solcher schwarzer Strahler, auch wenn dieses dem Augenschein zu widersprechen scheint. Die Temperatur der Sonnenoberfläche beträgt ca. 5700 K, und gemäß dem Planckschen Strahlungsgesetz liegt dann das Maximum der Emission im grünen Spektralbereich. Deshalb ist auch für diesen Bereich das menschliche Auge am empfindlichsten. Aber die Sonne emittiert auch kurzwelliges Licht (blau) und langwelliges (rot). Bei Körpern geringerer Temperatur, z. B. beim Heizlüfter, liegt das Maximum mehr im roten Wellenlängenbereich; ein Bügeleisen mit Temperaturen von einigen hundert Grad strahlt im fernen Infrarot, unsichtbar für das menschliche Auge. Es war der große Triumph der Planckschen Theorie, daß diese Strahlungsverteilung durch die quantenhafte Wechselwirkung präzise beschrieben werden konnte. Das Strahlungsgesetz ist nur mit der Photonenhypothese erklärbar.

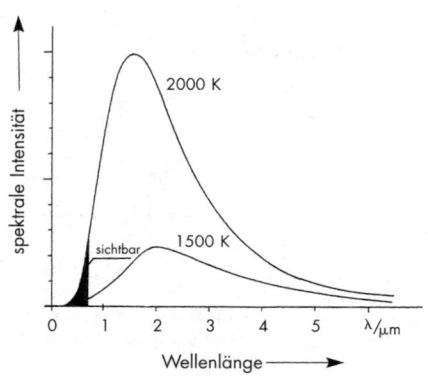

Abb. 6: Die spektrale Intensität eines (schwarzen) Körpers der Temperatur T. Dargestellt ist die spektrale Intensität in Abhängigkeit von der Wellenlänge für verschiedene Temperaturen.

Man kann sich nun die Frage stellen, wie die Photonen im Strahlungsfeld verteilt sind. Gleichmäßig oder ungleichmäßig? Folgen die Photonen aufeinander in festen Abständen oder treten sie in Gruppen auf? Das hängt entscheidend davon ab, wie dieses Licht erzeugt wurde. Bei thermischem Licht, also Sonne, Kerze oder Glühlampe, gilt annähernd die von N. Bose (1894–1947) und A. Einstein abgeleitete Verteilung, die in Abb. 7 oben skizziert ist.

Man kann diese Verteilung messen. Dazu wird ein hinreichend einfarbiger und gut gebündelter Lichtstrahl präpariert (Elementarbündel), was durch Filter und Blenden erfolgen kann. Dann bestimmt man die Zahl der Photonen in einem solchen Bündel mit einem Photonendetektor (Multiplier). Überraschenderweise zeigt sich, daß die Photonen bevorzugt in Klumpen auftreten. Es gibt Zeitintervalle, wo wenige Photonen auftreten, und andere Zeitintervalle, wo sehr viele Photonen in einem Bündel enthalten sind. Dies gilt jedoch nicht immer. Insbesondere beim Laser ist es völlig anders, wie in Kapitel 5 gezeigt werden wird.

Enthält das elektromagnetische Feld nur sehr wenige Photonen, so machen sich diese durch eine starke Fluktuation der Lichtintensität bemerkbar. Sogar das Auge kann die Photonen erkennen, wenn nur wenige pro Sekunde eintreffen. Da dann

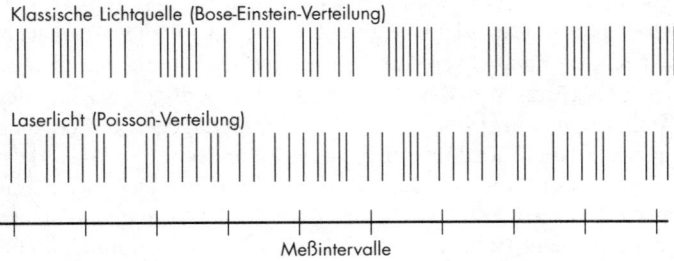

Abb. 7: Verteilung der Photonen in thermisch erzeugtem Licht (Bose-Einstein-Verteilung) und in idealem Laserlicht (Poisson-Verteilung), in jeweils einem Elementarbündel. Gemessen wird die Zahl der Photonen. Jeder Strich symbolisiert ein Photon.

die mittlere Helligkeit sehr gering ist, muß das Auge sehr gut adaptiert sein. Wenn jedoch das elektromagnetische Feld sehr viele Photonen enthält, was für übliche Lichtquellen zutrifft, so macht sich die Photonen-Struktur des Lichts weder für das Auge noch für die meisten Detektoren bemerkbar. Dann kann das Licht als eine sinusförmige Oszillation der beiden Feldgrößen E und H betrachtet werden.

1.3 Das Spektrum einer Lichtquelle

Die Welle wird charakterisiert entweder durch die Frequenz ν oder die damit über die Lichtgeschwindigkeit c_o verknüpfte Wellenlänge $\lambda = c_o/\nu$. Alle konventionellen Lichtquellen und auch die meisten Laser emittieren jedoch nicht nur einen Wellenzug einer festen Frequenz, sondern ein Gemisch von Wellenzügen verschiedenster Frequenzen. Um eine Lichtquelle genauer zu spezifizieren, gibt man deshalb das Intensitätsspektrum $J(\nu)$ an. Es besagt, mit welcher Intensität eine bestimmte Frequenz ν (Farbe) ausgestrahlt wird. Ein Beispiel wurde bereits in Abb. 6 gegeben, das Spektrum des schwarzen Strahlers. Die Breite des Spektrums wird *spektrale Bandbreite* $\Delta\nu$ genannt. Eine Glühlampe emittiert kurze Wellenzüge sehr unterschiedlicher Frequenzen und besitzt deshalb ein sehr breites Spektrum. Eine Spektrallampe, wie sie für Reklameleuchten eingesetzt wird, erscheint dem Auge „einfarbig". Aber auch dieses Licht setzt sich noch aus Wellenzügen verschiedener Frequenzen zusammen, jedoch ist die Bandbreite des Spektrums um den Faktor 10–100 geringer als bei der Glühlampe. Ein grüner oder roter Laser dagegen besitzt eine um viele Größenordnungen geringere Bandbreite. Dieses Licht kommt dem Sinuswellenzug schon sehr nahe. Der ideale unendlich ausgedehnte Wellenzug ohne jede Störungen zeigt im Spektrum eine scharfe Linie, die Bandbreite ist null. Wenn eine Lichtquelle einen begrenzten Sinuswellenzug der Dauer τ abstrahlt, so ergibt sich im Spektrum eine Breite von:

$$\Delta\nu \approx 1/\tau.$$

Die spektrale Breite ist umgekehrt proportional der Dauer des Wellenzuges. Je kürzer der Wellenzug, desto größer die spektrale Breite. Nur der unendlich ausgedehnte Wellenzug besitzt die spektrale Breite null. Das ist nicht überraschend, wie bereits der französische Mathematiker und Physiker *J. B. J. Fourier* (1768–1830) zeigte. Jedes nicht-sinusförmige Zeitsignal kann als Überlagerung vieler unendlich ausgedehnter Sinuswellenzüge unterschiedlicher Frequenzen dargestellt werden. Zwischen der spektralen Breite Δv und der Dauer τ des Signals gilt immer die obige Relation, auch als *Fourier-Relation* bekannt. Sie findet vielfältige Anwendung in der Wellenphysik, von den akustischen Wellen über die elektromagnetischen Wellen bis zu den Wahrscheinlichkeitswellen der Quantenmechanik.

Tab. 1: Spektrale Breite einiger Lichtquellen.

Lichtquelle	Bandbreite Δv [Hz]
Glühlampe	10^{14}
Spektrallampe	10^{12}
Helium-Neon Laser	10^{8}
Extrem stabilisierter Laser	1

2. Die Erzeugung von Licht

Jeder kennt die Dipolantenne, die im UKW-Bereich elektromagnetische Wellen erzeugen und empfangen kann. In einem solchen Dipol, wie er in Abb. 8 skizziert ist, fließen Elektronen periodisch hin und her.

Sie erzeugen, solange sie fließen, ein magnetisches Feld. Ein elektrisches Feld entsteht, wenn sie sich bevorzugt an den Enden des Dipols aufhalten. Durch die periodisch fließenden Ströme werden periodische, elektrische und magnetische Felder erzeugt, die *elektromagnetischen Wellen*. Wird der Dipol auf atomare Abmessungen verkleinert und die Schwingungsfrequenz auf Werte von $\nu = 10^{14}-10^{15}$ Hz erhöht, so gehen die elektromagnetischen Wellen in sichtbares Licht über. Licht wird durch die schwingenden Elektronen eines Atoms erzeugt, durch atomare Dipole.

Im atomaren Bereich versagt jedoch dieses klassische Bild, d.h., die bekannten Ergebnisse der Elektrodynamik sind nicht auf das Atom übertragbar. Die quantenmechanischen Effekte, also z.B. der Wellencharakter der Elektronen, machen sich bemerkbar. Im folgenden wollen wir die Lichterzeugung unter diesem Aspekt etwas genauer betrachten.

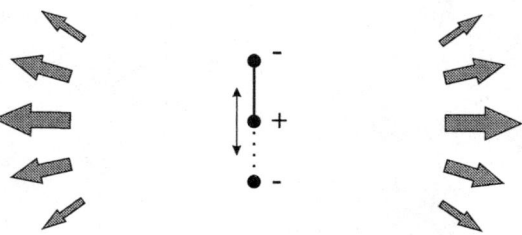

Abb. 8: Der klassische Dipol der Hochfrequenztechnik. Eine elektrische Ladung (Elektronen) oszilliert in einem Leiter auf und ab und strahlt dabei elektromagnetische Wellen überwiegend senkrecht zur Schwingungsrichtung ab.

2.1 Vorstellungen vom Atom

Das Atom als unteilbarer, letzter Baustein der Materie wurde von griechischen Philosophen spekulativ, ohne experimentelle Erfahrung eingeführt. *Parmenides* (um 500 v. Chr.) und *Demokrit* (460–371 v. Chr.) werden als Urheber des Atoms genannt. Das Atom beziehungsweise die Vorstellung von ihm hat in den über 2000 Jahren viele Wandlungen erfahren. Heute wissen wir, daß das Atom nicht unteilbar ist. Wir haben die Quantenmechanik zur Verfügung, die es gestattet, den Aufbau der Atome, Bausteine unserer Elemente, mit hoher Genauigkeit zu beschreiben.

Betrachten wir zunächst die Auswirkungen der Quantenmechanik auf das Elektron, 1887 von *J.J. Thomson* (1856–1940) entdeckt. Lange Zeit betrachteten die Wissenschaftler das Elektron als eine sehr kleine negativ geladene Kugel, als kleinste Einheit des elektrischen Stroms. Im vorangehenden Kapitel wurden die Photonen als kleinste Einheiten des Lichtstromes vorgestellt. *Louis de Broglie* (1892–1981) postulierte 1924, daß die Doppelnatur des Lichts eine universelle Eigenschaft von Wellen sei. Jede Welle besitzt Teilcheneigenschaften, und jeder Teilchenstrom zeigt auch Welleneigenschaften. Eine kühne Hypothese, denn sie besagt, daß auch Elektronen Welleneigenschaften besitzen, d.h., Elektronen sollten Beugungs- und Interferenz-Phänomene zeigen.

Eine charakteristische Größe einer Welle ist die Wellenlänge λ, eine typische Teilcheneigenschaft ist der Impuls eines Teilchens, d.h. das Produkt aus Masse m und Geschwindigkeit v. Nach de Broglie sind beide Größen verknüpft über die Beziehung:

$$\lambda = \frac{h}{mv}$$

Je schneller das Elektron, um so kürzer die Wellenlänge. Ein Elektron, welches sich mit einem Hundertstel der Lichtgeschwindigkeit bewegt, besitzt eine Wellenlänge von $\lambda = 2.4 \cdot 10^{-10}$ m, das ist etwa der Abstand zweier Atome in einem

Kristall. Diese These von de Broglie wurde bald experimentell bestätigt, aber bereits 1913 von *Niels Bohr* (1885–1962) unbewußt genutzt, um ein neues Atommodell zu entwickeln, auch wenn er noch nichts von den Welleneigenschaften des Elektrons wissen konnte.

Das Bohrsche Atommodell ist eine Mischung aus klassischer Mechanik und Planckscher Quantentheorie. Danach besteht das Atom aus einem schweren, positiv geladenen Kern und darum kreisenden negativ geladenen Elektronen, eine Art Planetensystem. Bei den Planeten herrscht Gleichgewicht zwischen der anziehenden Gravitationskraft und der Fliehkraft. Bei den Atomen sind es die anziehende elektrische Kraft und die Fliehkraft, die die Elektronen auf ihre Bahnen zwingt. Bohr postuliert, daß von den vielen möglichen Bahnen nur solche auftreten, bei denen der Drehimpuls, das Produkt aus Masse des Elektrons, Bahngeschwindigkeit und Bahnradius, ein ganzes Vielfaches der Planckschen Konstante ist. Eine seltsame, zunächst nicht begründbare Annahme. Mit der de-Broglie-Hypothese wird jedoch die Bohrsche Einschränkung der Bahnen sehr einsichtig. Besitzt das Elektron Welleneigenschaften, so muß sich auf einer stabilen Umlaufbahn eine stehende Welle ausbilden, ähnlich wie bei einer Geigensaite. Das ist nur möglich, wenn der Umfang U einer Bahn vom Radius R_n eine ganzes Vielfaches der Elektronenwellenlänge ist.

$$U = 2\pi\, R_n = n\lambda \quad n = 1, 2, 3, \ldots$$

So ergibt sich von selbst aus den Welleneigenschaften die Bohrsche Hypothese der diskreten Bahnen. Diese Vorstellung vom Atom konnte viele experimentelle Ergebnisse exzellent beschreiben, wenn auch nicht alle.

Erst die konsequente Anwendung der Quantenmechanik brachte die Lösung. Sehen wir uns das Bohrsche Atommodell und das erweiterte, quantenmechanische Atom an, wie sie in Abb. 9 dargestellt sind.

Das Atom nach Bohr besteht aus Elektronen, die auf Kreis- oder Ellipsenbahnen um den Kern kreisen. Beim quantenme-

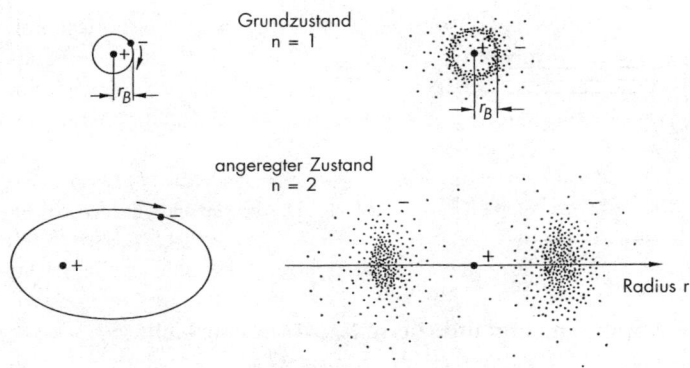

Abb. 9: Das klassische Bohrsche Atom (links) und das quantenmechanische Atom (rechts).

chanischen Modell gilt ähnliches wie bei der Lichtwelle, die Bahn ist nicht exakt bestimmbar, sondern mit einer gewissen Unschärfe behaftet. Es kann nur die Wahrscheinlichkeit berechnet werden, mit der ein Elektron an einem bestimmten Ort im Raum angetroffen wird. Dieses Modell erscheint etwas diffus und unklar, doch die ihm zugrundeliegende Theorie und deren Ergebnisse sind durch zahllose Experimente sehr genau bestätigt worden.

In beiden Modellen kann das Elektron verschiedene Zustände annehmen, entweder Bahnen im Bohrschen Atom oder Wahrscheinlichkeitsverteilungen im quantenmechanischen Atom. Ein wichtiges Ergebnis der Bohrschen Theorie, aber auch der quantenmechanischen Theorie ist die *Quantisierung*. Nicht alle Bahnen sind zulässig, sondern nur genau definierte scharfe Zustände. Den verschiedenen Zuständen sind unterschiedliche Energiewerte zuzuordnen, die man nach steigender Energie anordnet und als *Energieniveau-Schema* oder *Term-Schema* bezeichnet. Ein vereinfachtes Beispiel für das Wasserstoffatom zeigt Abb. 10.

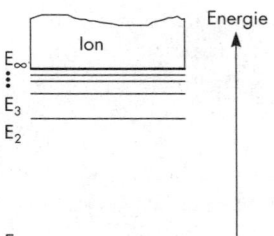

Abb. 10: Das vereinfachte Energieniveau-Schema von Wasserstoff.

2.2 Spontane und induzierte Emission von Licht

Von den vielen Energieniveaus eines Atoms sollen im folgenden zwei herausgegriffen werden, ein unterer Zustand E_1 und ein höherer Zustand E_2 (Abb. 11). Normalerweise befindet sich das Elektron im untersten Zustand. Durch Zufuhr von Energie kann es in den höheren Zustand E_2 übergehen. Die Energiezufuhr kann durch einen Stoß mit Elektronen, anderen Atomen oder auch durch Licht erfolgen. In letzterem Fall wird ein Photon absorbiert. Dabei muß die Energiedifferenz $\Delta E = E_2 - E_1$ in etwa der Photonenenergie $h \cdot v$ entsprechen. Man bezeichnet diesen Prozeß als *Absorption von Licht,* die Lichtwelle wird dabei geschwächt. Je höher die Dichte der Atome, um so größer die Schwächung. Diese Gesetzmäßigkeit ist seit langem bekannt, sie wurde von *Johann Heinrich Lambert* (1728–1777) und *August Beer* (1825–1863) entdeckt. Der ihrem Gesetz zugrundeliegende Mechanismus war nicht bekannt.

Betrachten wir nun den Fall, daß ein Elektron sich im oberen Energiezustand aufhält. Es verweilt dort nur eine kurze Zeit τ und kehrt dann in den stabilen Grundzustand zurück. Die dabei frei werdende Energie kann in Form von Licht, d. h. als ein Photon, abgegeben werden. Dieser Übergang findet spontan und zu keiner genau definierten Zeit statt. Bekannt ist nur die mittlere Verweilzeit im oberen Energiezustand, die i. a. sehr kurz ist und typisch bei $\tau \approx 10^{-8}$ s liegt. Die Emission des individuellen Photons erfolgt statistisch in irgendeine Raumrichtung zu irgendeiner Zeit. Haben wir es mit sehr vielen Atomen zu tun, wie in einer Lichtquelle, so strahlen die Atome im Mittel gleichmäßig in alle Raumrichtungen. In allen Lichtquellen, mit Ausnahme des Lasers, findet die Lichterzeugung überwiegend auf diese Weise statt, sowohl bei der Kerze als auch bei der Glühlampe und der Leuchtstoffröhre. Die Energiezufuhr ist jedoch unterschiedlich. Bei der Kerze ist es die chemische Energie der Verbrennung, bei der Glühlampe die elektrische Energie, die zur Aufheizung der Wendel und damit zur Anregung der Elektronen führt. In einer Leuchtstoffröhre findet eine Gasentladung statt, d. h., in einem teilweise ionisierten Gas bewegen sich Ionen (Atome, die ein oder mehrere Elektronen abgegeben haben) und Elektronen relativ frei mit hoher Geschwindigkeit. Prallen zwei solcher Teilchen aufeinander, so kann deren Bewegungsenergie in Anregungsenergie umgewandelt werden, die dann als spontan emittiertes Licht abgegeben wird.

A. Einstein entdeckte nun 1916, daß es neben der Absorption und der spontanen Emission noch eine weitere Art der Wechselwirkung geben muß. Falls auf das Elektron im oberen Zustand eine Lichtwelle passender Frequenz trifft, kann es in den unteren Zustand gezwungen werden. Die dabei frei werdende Energie nimmt die Lichtwelle mit, d. h., sie ist verstärkt worden. Die einfallende Welle und die zusätzlich erzeugte Welle stimmen in Richtung, Frequenz und Phase überein. Man nennt diese Art der Emission *stimuliert, erzwungen* oder *induziert*. Die Grundvoraussetzung für den Laser war geschaffen. Prinzipiell war es damit möglich, Licht in gleicher Weise zu verstärken wie andere elektromagnetische Wellen durch elektronische Verstärker.

Leider nutzt diese Verstärkung zunächst wenig, denn die vorher diskutierte Absorption des Lichts durch andere Atome, deren Elektronen sich im unteren Energiezustand befinden, überwiegt. In allen bis dahin bekannten atomaren und molekularen Systemen befinden sich stets mehr Atome im Grundzustand als im angeregten Zustand. Die Absorptionsakte überwiegen die Emissionsakte. Damit per Saldo eine echte Verstärkung stattfindet, müssen sich mehr Elektronen im oberen

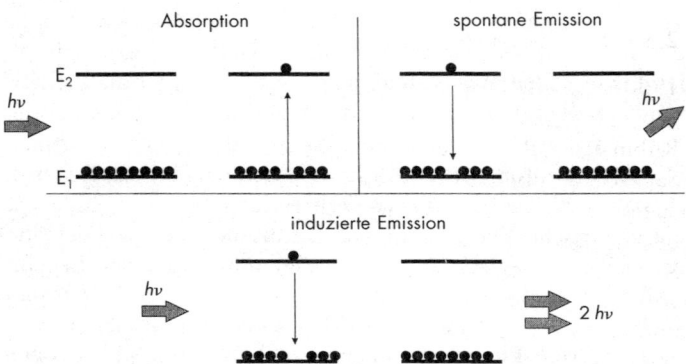

Abb. 11: Absorption, spontane und induzierte Emission von Licht.

als im unteren Zustand aufhalten. Ist dieser Zustand, den man *Inversionszustand* nennt, möglich?

Die Verteilung der Elektronen auf die verschiedenen Energiezustände wird durch ein Gesetz geregelt, welches *Ludwig Boltzmann* (1844–1906) formulierte. Danach ist das Verhältnis der Elektronenzahl im oberen Zustand zur Anzahl im unteren Zustand nur von der Temperatur abhängig. Bei tiefen Temperaturen befinden sich nahezu alle Elektronen im unteren Zustand. Mit wachsender Temperatur nimmt deren Anzahl im oberen Zustand exponentiell zu, und erst bei unendlich hoher Temperatur sind gleich viele Elektronen in beiden Energiezuständen; es liegt jedoch kein Inversionszustand vor.

Man kann hieraus nun nicht schließen, daß das Boltzmannsche Gesetz einen Inversionszustand verbietet. Dieses Gesetz gilt nur, wenn sich das betreffende System im thermischen Gleichgewicht mit seiner Umgebung befindet. Man muß also nach Systemen Ausschau halten, die nicht im thermischen Gleichgewicht sind. Ein solches System ist z. B. Erde – Sonne. Nur weil die Sonne sehr viel heißer als die Erde ist, kann Energie gerichtet fließen und Leben ermöglichen.

2.3 Lichtverstärkung durch Inversion

1960 gelang es *Theodor Maiman,* ein derartiges Nichtgleichgewichtssystem zu realisieren. Hierzu verwendete er einen Rubin-Kristall. Der Rubin besteht im wesentlichen aus einem Saphir (Aluminiumoxid), dem geringe Mengen Chrom-Atome zugesetzt sind. Diese erzeugen die rote Farbe, die bei den Rubin-Schmucksteinen geschätzt wird. Es ist möglich, in diesem Kristall einen Nichtgleichgewichtszustand durch Einstrahlung von Licht zu erzeugen, also das Boltzmanngesetz zu umgehen und einen Inversionszustand herzustellen. Ich will hier versuchen, dieses System an einem stark vereinfachten Modell verständlich zu machen, das für alle Lasersysteme exemplarisch ist. Von den vielen Niveaus des Chrom-Atoms sind die drei für diesen Prozeß wesentlichen in Abb. 12 dargestellt. Durch Einstrahlung von intensivem Licht aus einer Xenon-Blitzlampe werden die Elektronen von dem stationären Grundzustand E_1 in einen oberen Zustand E_3 befördert. In diesem Zustand verweilen die Elektronen nur sehr kurze Zeit. Unter Energieabgabe an den Kristall (dieser erwärmt sich dabei) gehen sie bevorzugt in den Zustand E_2 über, wo sie sich sehr lange aufhalten, etwa 10^5 mal länger als in E_3. Durch Einstrahlung von intensivem Licht kann erreicht werden, daß die Elektronen über E_3 schneller nach E_2 gelangen, als sie von dort abfließen können. Sie werden sich in diesem Niveau ansammeln wie in einem Stausee. Nach einiger Zeit befinden sich in E_2 mehr Elektronen als in E_1, ein Inversionszustand wurde erzeugt, und eine Nettoverstärkung des Lichts durch induzierte Übergänge von E_2 nach E_1 ist möglich geworden.

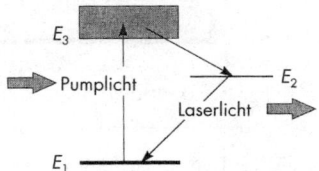

Abb. 12: Stark vereinfachtes
Energiediagramm von
Chrom-Atomen in Saphir.

Dazu muß jedoch die Frequenz des zu verstärkenden Lichts den richtigen Wert annehmen, d. h., die Photonenenergie h·v muß annähernd gleich der Energiedifferenz E_2–E_1 sein, andernfalls findet keine induzierte Emission statt. Der prinzipielle Aufbau dieses ersten Lasers ist in Abb. 13 skizziert. Eine Xenon-Gasentladungslampe, wie sie z. B. für das Fotoblitzlicht verwendet wird, regt den Rubinkristall an. Damit möglichst viel Lampenlicht in den Kristall gelangt, wird das System mit einem reflektierenden Zylinder umgeben. Liefert die Lampe genügend Licht, so ist der Rubin in der Lage, rotes Licht der Frequenz $v = 4{,}32 \cdot 10^{14}$ Hz bzw. der Wellenlänge $\lambda = 0{,}69$ µm zu verstärken. Licht der Intensität J_o wird durch den Kristall um den Faktor G, den Verstärkungsfaktor, auf den Wert $J_1 = G \cdot J_o$ erhöht. Das vereinfachte Energieniveau-Schema in Abb. 12 macht deutlich, daß eine Lichtverstärkung nur bei sehr speziellen Atomen oder Molekülen möglich sein wird. Trotzdem gibt es mehrere hundert atomare und molekulare Systeme, die Licht verstärken können. Eine Zusammenstellung findet man in den Tabellenwerken der Lasertechnik, (z. B. *W. Brunner, K. Junge*). Einige Beispiele werden im Detail in Kapitel 4 diskutiert. Zunächst muß geklärt werden, wie aus einem Verstärker ein Oszillator wird, d. h. ein System, welches das Licht nicht nur verstärkt, sondern auch erzeugt.

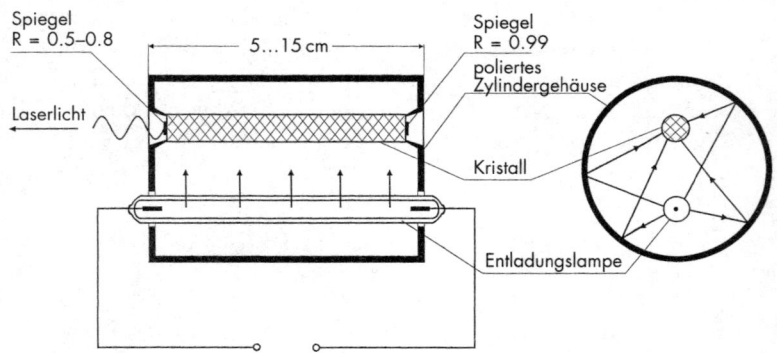

Abb. 13: Prinzipieller Aufbau des Rubin-Lasers.

3. Der Laser-Oszillator

Wird ein schwingungsfähiges System angestoßen, z. B. eine Stimmgabel oder eine Saite, beginnt es zu schwingen. Die Amplitude der Schwingungen nimmt mit der Zeit ab, eine Folge der Dämpfung oder Reibung des Systems. Die Stimmgabel strahlt Schall ab und verwandelt außerdem einen Teil der Schwingungsenergie in Wärme. Deshalb muß die Stimmgabel nach einigen 10 Sekunden erneut angestoßen werden, um diesen Energieverlust auszugleichen. Es ist sehr schwierig, dieses Anstoßen mit der gerade abgestrahlten Schwingung zu synchronisieren. Durch den Stoß wird die Schwingung abrupt gestört, um dann wieder regelmäßig mit erhöhter Amplitude zu oszillieren. Es entsteht ein Verlauf, wie er in Abb. 14 skizziert ist. Die Abstrahlung eines gedämpften Systems, dem nicht synchronisiert Energie zugeführt wird, besteht aus einer Folge von Wellenzügen, deren Phasenlagen nicht aufeinander abgestimmt sind. Dieses gilt sowohl für mechanische als auch für elektrische oder atomare Systeme.

Auch die Emission einer Glühlampe besteht aus solchen kurzen Wellenzügen. Damit aus dieser statistischen Folge von gedämpften Wellenzügen ein Sinuswellenzug konstanter Amplitude wird, muß die Energie zum richtigen Zeitpunkt

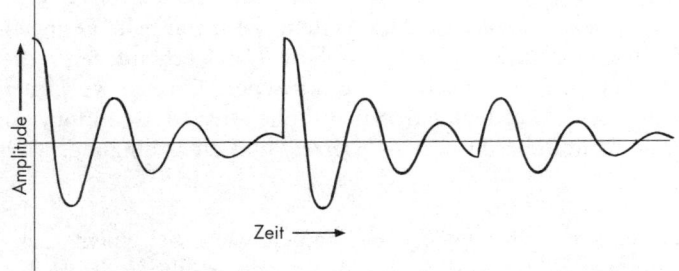

Abb. 14: Abstrahlung eines gedämpften schwingenden Systems, dem Energie nicht synchronisiert zugeführt wird.

zugeführt werden. Die Energiezufuhr muß mit der gerade vorhandenen Schwingung synchronisiert werden. Ein Beispiel hierfür ist die Taschenuhr. Die schwingende, gedämpfte Unruh betätigt eine Sperre, die im richtigen Augenblick geöffnet wird und die Energiezufuhr mit der Schwingung synchronisiert. Das führt zu einer ungedämpften, periodischen Schwingung, zu einem mechanischen Oszillator. Man nennt eine derartige Anordnung ein *rückgekoppeltes System*.

3.1 Das Rückkopplungsprinzip

Die elektrische Rückkopplung wurde 1913 von *A. Meißner* entdeckt. Zusammen mit dem bereits 1906 von *Lee de Forest* und *R. v. Lieben* erfundenen Röhrenverstärker entwickelte Meißner das erste selbstschwingende elektrische System. Das Prinzip ist in Abb. 15 skizziert. Kernstück ist der Röhrenverstärker G. Eine Eingangsspannung U_{ein} wird durch den Verstärker um den Faktor G auf den Ausgangswert $U_{aus} = G \cdot U_{ein}$ erhöht. Derartige Verstärker werden z.B. in der Hochfrequenztechnik (Radio,Video) und bei der Tonwiedergabe eingesetzt. Die Röhren sind heute jedoch weitgehend durch Transistoren ersetzt. Wird nun ein Bruchteil R der Ausgangsspannung auf den Eingang zurückgegeben und nochmals verstärkt, so entsteht am Ausgang die Spannung $U_{aus} = (G \cdot U_{ein}) \cdot RG$ usw. Die Spannung am Ausgang wird bei jedem Umlauf erhöht und erreicht nach kurzer Zeit einen sehr hohen Wert, falls $R \cdot G$ größer als eins ist. Das System kann mit sehr geringen Werten starten, wie sie z.B. durch die stets vorhandenen statistischen Schwankungen der elektrischen Größen vorliegen (Rauschen), und liefert trotzdem hohe Ausgangsspannungen. Man nennt dieses System *selbsterregt* und die Bedingung:

$$R\,G > 1$$

die *Selbsterregungsbedingung*. Immer, wenn bei einem rückgekoppelten System die obige Bedingung erfüllt ist, liefert das System eine hohe Ausgangsspannung. Die Frequenz v dieser Spannung hängt von dem speziellen System ab, insbesondere

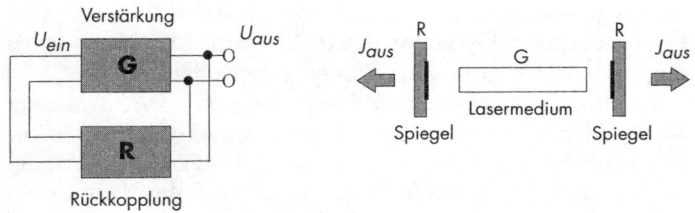

Abb. 15: Das Rückkopplungssystem nach A. Meißner. Links der Hochfrequenz-Oszillator, rechts der Laser.

von der Zeit T, die das Signal für einen Umlauf benötigt. Es gilt, daß die Frequenz ein ganzes Vielfaches p der inversen Umlaufzeit beträgt:

$$\nu = p/T \quad p = 1, 2, 3, ...$$

Hohe Frequenzen treten unter zwei Bedingungen auf:

- das Medium verstärkt die gewünschte Frequenz
- die Umlaufzeit der Welle im System ist hinreichend klein.

Das große Problem über viele Jahrzehnte war das verstärkende Medium. Die Röhrenverstärker arbeiten bis zu Frequenzen von einigen 100 MHz (10^8 Hz), d. h. Wellenlängen bis herunter zu einigen Metern. Im Zentimeterbereich gibt es noch spezielle Röhren (z. B. Klystrons), aber wesentlich kürzere Wellenlängen sind mit elektronischen Bauelementen nicht zu erzeugen. Der Vorstoß in den Submillimeterbereich gelang erst, nachdem man verstanden hatte, wie in Atomen und Molekülen der in Abschnitt 2.3 diskutierte Inversionszustand hergestellt werden kann. Die Frequenz der erzeugten Schwingung ist jetzt im wesentlichen durch den Abstand der beiden beteiligten Energieniveaus E_1, E_2 (Abb. 12) gegeben. Der prinzipielle Aufbau eines Oszillators im Mikrowellen- oder Submillimeterbereich unterscheidet sich von der Meißnerschen Rückkopplungsanordnung in Abb. 15 nur darin, daß die Verstärkerröhre durch verstärkende Moleküle ersetzt wird. Deren Reso-

35

nanzfrequenzen liegen im Bereich von einigen 10^{10}–10^{12} Hz. Einen derartigen Oszillator nennt man MASER (*Micro-wave Amplification by Stimulated Emission of Radiation*).

Der Schritt zum Lichtoszillator lag nahe. Die Moleküle werden durch Atome ersetzt, deren Emissionsfrequenzen im sichtbaren Spektralbereich liegen, wie z. B. die Chrom-Atome im Saphir. Problematisch ist die Rückkopplung. Beim alten Röhrenverstärker erfolgt die Rückkopplung z. B. über stromführende Spulen. Licht kann man nicht durch Kupferdrähte führen! Die grundlegend neue Idee veröffentlichten *A. L. Schawlow* und *C. H. Townes* 1958. Ihr Vorschlag zum Bau eines Lichtoszillators war verblüffend einfach. Das verstärkende Medium wird zwischen zwei planparallele Spiegel gesetzt. Licht, welches im Medium durch spontane Emission erzeugt wird und zufällig senkrecht auf einen Spiegel trifft, erfährt eine Reflexion und durchquert erneut das aktive Medium. Hierbei wird es um einen Faktor G durch induzierte Emission verstärkt, trifft auf den zweiten Spiegel, wird wieder reflektiert, verstärkt, reflektiert usw. Bei der Reflexion wird die Lichtamplitude etwas geschwächt, und zwar um den Faktor R, bei der Verstärkung wird es um den Faktor G erhöht. Wenn RG > 1 ist, nimmt die Lichtamplitude bei jedem Durchgang zu, es tritt Selbsterregung auf, und das System emittiert Licht. Die Frequenz des emittierten Lichts hängt von zwei Bedingungen ab. Die Frequenz ist grob durch den Abstand der atomaren Energieniveaus festgelegt. Es gibt jedoch noch eine zweite Bedingung. Nach einer Hin- und Herreflexion muß sich die Lichtwelle am Spiegel der dort bereits vorhandenen Lichtwelle konstruktiv überlagern. Wellenberg muß auf Wellenberg treffen. Das ist nur der Fall, wenn zwischen den beiden Spiegeln eine stehende Welle entsteht, die Welle muß zwischen die beiden Spiegel passen. Dazu muß der Spiegelabstand L ein ganzes Vielfaches der halben Wellenlänge betragen. Diese Wellenlänge ist die Resonanzwellenlänge $\lambda_{Resonanz}$ des Spiegelsystems, das *optischer Resonator* genannt wird:

$$L = p \cdot \lambda_{Resonanz} / 2 \quad p = 1, 2, 3, \ldots$$

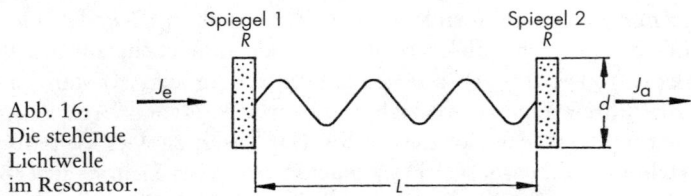

Abb. 16:
Die stehende
Lichtwelle
im Resonator.

Wegen der Beziehung, die zwischen Wellenlänge und Frequenz über die Lichtgeschwindigkeit besteht, ist damit auch die Frequenz festgelegt: $v_{Resonanz} = p \cdot c_0/2L$.

Um diese Bedingung zu erfüllen, müssen Spiegelabstand und Wellenlänge aufeinander abgestimmt sein.

Maiman nutzte 1960 als erster dieses Rückkopplungsprinzip aus und setzte seinen Rubin-Verstärker zwischen zwei Spiegel. Angeregt durch eine gepulste, sehr intensive Xenon-Gas-Entladungslampe gelang es, die Schwellbedingung GR > 1 zu erreichen und den Rubin als Lichtoszillator zu betreiben. Die Endflächen des Rubinkristalls sind sehr gut planparallel geschliffen und verspiegelt. Um den Kristall ist die anregende

Tab. 2: Historische Übersicht: Von der Wellentheorie zum Laser.

1678	Wellentheorie des Lichts von Chr. Huygens
1865	Grundgleichungen der Elektrodynamik von J. Maxwell
1886	Nachweis der elektromagnetischen Wellen durch H. Hertz
1906	Erfindung der Verstärkerröhre durch L. de Forest und R. von Lieben
1913	Entdeckung des Rückkopplungsprinzips von A. Meißner
1954	Erster Maser mit der Frequenz $v = 2{,}39 \cdot 10^{10}$ Hz (Wellenlänge $\lambda = 1{,}4$ mm) von J.P. Gordon , H.J. Zeiger und C.H. Townes (USA), zeitgleich wurden Arbeiten von N.G. Basov und A.M. Prokhorov (UdSSR) durchgeführt
1958	A.L. Schawlow und C.H. Townes übertragen in einer theoretischen Arbeit das Maserprinzip auf den optischen Bereich
1960	Erster Festkörper-Laser von T.H. Maiman (Rubin-Laser mit einer Frequenz von $v = 4{,}32 \cdot 10^{14}$ Hz, Wellenlänge $\lambda = 0{,}69$ µm)
1961	Erster Gas-Laser von A. Javan, W.R. Benett und D.R. Herriott (Helium-Neon-Laser mit einer Frequenz von $v = 1{,}58 \cdot 10^{14}$ Hz, Wellenlänge $\lambda = 1{,}9$ µm)

Xenon-Lampe als Wendel gewickelt. Kristall und Wendel sind mit einem hoch reflektierenden Zylinder umgeben, um möglichst viel Licht der anregenden Lampe in den Kristall zu überführen. Ein Jahr danach realisierten A. Javan, W. R. Bennett und D. R. Herriott den ersten Gas-Laser, ein Gemisch aus Helium und Neon, welches zunächst infrarotes Licht emittierte. Nur wenig später lieferte dieses System auch sichtbares, rotes Licht.

3.2 Der Laser-Resonator

Ein Resonator ist dadurch gekennzeichnet, daß er die Schwingungsenergie einer bestimmten Frequenz, die Resonanzfrequenz, speichern kann. So ist z. B. die Stimmgabel ein Resonator, denn die durch das Anstoßen zugeführte Energie wird zunächst als Verformungsenergie gespeichert und dann abgestrahlt. Die Frequenz der Schwingung (in diesem Fall 440 Hz) hängt von den speziellen Abmessungen der Stimmgabel ab. In gleicher Weise bilden die beiden Spiegel des Laseroszillators einen Resonator, in dem Licht, also elektromagnetische Energie gespeichert wird. Die Resonanzfrequenzen werden durch den Spiegelabstand und das Lasermedium bestimmt (Abschnitt 3.1).

Beim Licht ist die Situation jedoch komplizierter. Die Spiegel oder auch das verstärkende Medium haben einen begrenzten Durchmesser von einigen Millimetern bis Zentimetern. Die

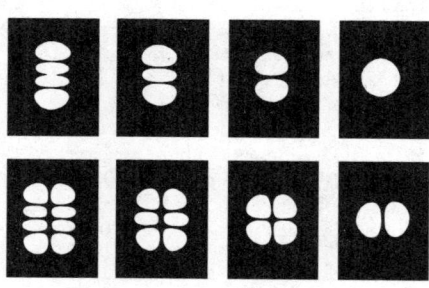

Abb. 17: Verschiedene Wellenformen eines optischen Resonators. Dargestellt ist die Intensitätsstruktur auf dem Spiegel, verursacht durch die Beugung an den Spiegelbegrenzungen. Wie bei den Chladnischen Klangfiguren treten Knotenlinien auf.

Lichtwelle, die auf diese Begrenzung trifft, wird durch Beugung verändert, wie in Abb. 1 dargestellt ist. Diese Beugungsstruktur wird vom Spiegel reflektiert, trifft auf den zweiten Spiegel, wird wiederum durch Beugung verändert und so fort. Letztlich stellt sich eine Intensitätsstruktur ein, die von der Geometrie des Resonators abhängt, z. B. von den Begrenzungen, der Form und dem Abstand der Spiegel. Man nennt diese Strukturen, die sich im stationären Fall von Umlauf zu Umlauf reproduzieren, die *Wellenformen*, *Eigenschwingungen* oder *Moden* des Resonators. Einige Beispiele zeigt Abb. 17. Sie entsprechen den Chladnischen Klangfiguren, den Schwingungsformen einer Metallplatte. Diese werden sichtbar, wenn man Korkmehl auf die Platte streut und diese zu Schwingungen anregt. Dabei schwingt die Platte entsprechend ihrer Form und Dicke. An den Knotenlinien der Schwingungsfigur bleibt das Korkmehl liegen und macht auf diese Weise die Schwingung sichtbar.

4. Lasersysteme

Es gibt viele hundert Atom- und Molekülarten, die laserfähig im Sinne der eben geschilderten Chrom-Atome sind. Sie dekken den Spektralbereich von den Millimeter-Wellen bis zum nahen Ultraviolett mit Wellenlängen bis knapp unter 0,2 µm ab. Die meisten Atome verlieren jedoch ihre Laserfähigkeit, wenn sie zu nahe beieinander liegen. Ihre elektrischen Felder beeinflussen sich gegenseitig, wodurch z. B. die Lebensdauern der Energieniveaus verkürzt werden. Chrom als massives Metall ist nicht als Lasermedium geeignet, sondern nur als Ion mit geringer Konzentration in Kristallen. Die Verdünnung der Atome oder Moleküle kann auf verschiedene Weise erfolgen. Entweder durch geringe Beimengung zu Kristallen, durch Lösung in Flüssigkeiten oder als Beimischung zu Gasen („Dotierung"). Eine Ausnahme macht nur der Dioden-Laser.

Es ist üblich, die Laser nach dem benutzten Medium zu klassifizieren, wie die nachstehende Tabelle zeigt. Man unterscheidet bei allen Lasersystemen zwei Betriebsarten, den *kontinuierlichen Betrieb*, abgekürzt mit cw (continuous wave), und den *gepulsten Betrieb*. Im kontinuierlichen Betrieb liefert der Laser einen stetigen Lichtstrahl mit moderater Leistung. Je nach System liegt diese zwischen einigen Milliwatt beim Helium-Neon-Laser und einigen zehn Kilowatt beim Kohlenstoffdioxid-Laser. Im Pulsbetrieb dagegen sind kurzzeitig Leistungen von vielen hundert Kilowatt bis Gigawatt (10^9) möglich.

4.1 Festkörper-Laser

Festkörper-Laser bestehen aus einem Kristall oder Glas, dem in geringen Konzentrationen (einige Prozent) Fremdatome beigemengt sind. Diese Atome sind verantwortlich für den Laserprozeß, ihre speziellen Eigenschaften legen Wellenlänge und Leistung des Lasers fest. Ein erstes Beispiel war der Rubin-Laser. Abgesehen von einigen sehr speziellen Anwendungen,

Tab. 3: Lasersysteme, klassifiziert nach dem aktiven Medium.

Lasertyp	aktives Medium	Anregung
Festkörper-Laser	Kristalle Gläser	Gasentladungslampen Dioden-Laser Gas-Laser
Dioden-Laser	Halbleiter-Materialien (pn-Übergänge)	elektrischer Strom
Farbstoff-Laser	Farbstoffe gelöst in Wasser oder organischen Lösungsmitteln	andere Laser, Blitzlampen
Gas-Laser	atomare Gase Molekülgase Excimere	elektrische Entladungen, chemische Prozesse
Plasma-Laser*	hochionisierte Atome	kurze Laser-Pulse Gasentladungen
Elektronenstrahl- Laser	freie Elektronen in perio- dischen Magnetfeldern	Elektronenbeschleuniger

*) Dieses System läuft bisher nur als Verstärker, noch nicht als Oszillator.

hat er nur noch historische Bedeutung. Einige der z.Z. wichtigsten Festkörper-Laser sind in Tab. 4 zusammengestellt. Der mit Neodym-Atomen dotierte Yttrium-Aluminium-Granat, kurz Nd-YAG genannt, gehört wegen seiner hohen Ausgangsleistung zu den in der Materialbearbeitung häufig eingesetzten Lasern.

Ein für medizinische Anwendungen wichtiger Festkörper-Laser ist der mit Erbium dotierte YAG-Kristall. Seine Wellenlänge liegt bei $\lambda = 2{,}9\ \mu m$, eine Wellenlänge, bei der die Wasser-

Tab. 4: Einige wichtige Festkörper-Laser.

System	Wellenlänge	Ausgangsleistung	
Neodym-YAG	1,06 µm	cw gepulst	5 kW 10^9 W
Neodym-Glas	1,05 µm	gepulst	10^5 W
Titan-Saphir	0,79 µm	mittlere Leistung	200 W
Chrom-Alexandrit	0,79 µm	mittlere Leistung	100 W
Erbium-YAG	2,9 µm	mittlere Leistung	10 W

absorption einsetzt. Erbium-Laserlicht wird deshalb besonders gut von biologischem Gewebe absorbiert und in Wärme umgesetzt. Die Ausgangsstrahlung der meisten Festkörper-Laser ist schmalbandig, verglichen mit konventionellen Lichtquellen (siehe Tab. 1). Die Wellenlänge variiert nur wenig um die zentrale Wellenlänge, entsprechend der Breite der Energieniveaus, zwischen denen die induzierte Emission stattfindet. Es gibt jedoch eine Klasse von Festkörper-Lasern, deren Emission extrem breitbandig ist. Die für die Laseremission relevanten Energieniveaus E_1, E_2 in Abb. 12 sind durch die thermischen Schwingungen des Kristallgitters stark gestört und deshalb energetisch verbreitert. Derartige Festkörper-Laser werden *vibronische Laser* genannt. Zwei Beispiele sind in Tab. 4 aufgeführt, der mit Titan dotierte Saphir und der mit Chrom dotierte Alexandrit, ein seit langem bekannter Schmuckstein. Der natürlich vorkommende Alexandrit ist jedoch als Laserkristall wegen der Verunreinigungen nicht brauchbar.

Die breitbandige Emission dieser Kristalle kann zum Bau abstimmbarer Laser genutzt werden. Durch zusätzliche Elemente im Laserresonator, wie z.B. Prismen, kann die Wellenlänge über einen breiten Bereich verschoben und damit dem speziellen Anwendungszweck angepaßt werden. Von besonderem Interesse sind diese Laser für die Spektroskopie, bei der schmalbandiges, abstimmbares Laserlicht eingesetzt wird, um die Struktur von Atomen und Molekülen zu untersuchen.

Allen Festkörper-Lasern gemeinsam ist die Anregung durch andere Lichtquellen. Der direkte Einsatz von elektrischer oder chemischer Energie ist bisher nicht möglich. Der Umweg *elektrische Leistung → konventionelle Lichtquelle → Festkörper-Laser* führt naturgemäß zu erheblichen Verlusten. Nur ein Teil der elektrischen Leistung wird in einer Lampe in Licht umgesetzt. Die Lichtemission erfolgt über einen breiten spektralen Bereich, nur ein Bruchteil hiervon ist nutzbar, nämlich der Anteil der Photonen, deren Energie der Differenzenergie E_3–E_1 (Abb. 12) entspricht. Alles andere Licht ist nutzlos, wird in Wärme umgesetzt und muß durch Kühlung beseitigt werden. Wie bereits anhand der Laseranregung in Abb. 12

gezeigt, wird bei dem Übergang vom Absorptionszustand E_3 (Pumpniveau) in das obere Laserniveau E_2 nochmals Energie in Wärme umgesetzt, und zwar die Differenzenergie E_3-E_2. Dies alles führt zu einem Wirkungsgrad, der beim Festkörper-Laser im besten Fall bei 5 % liegt, meistens jedoch darunter. Berücksichtigt man beim Wirkungsgrad auch die elektrischen Geräte, die außer der Lampe zum Betrieb des Lasers benötigt werden, wie Kühlgeräte, Umlaufpumpen, Steuergeräte usw., reduziert sich der Gesamtwirkungsgrad, auch Steckdosenwirkungsgrad genannt, auf 2–3 %. Ein Neodym-YAG-Laser von 2 kW Ausgangsleistung benötigt eine elektrische Anschlußleistung von 80 kW, was den industriellen Einsatz erschwert. Um das Problem der effizienten Kühlung zu lösen, sind unterschiedliche Bauformen der Festkörper-Laser erprobt worden. Neben den üblichen Stab-Lasern gibt es plattenförmige Systeme, Hohlzylinder und Scheiben.

Nun ist es möglich, den Festkörper-Laser mit anderen Lichtquellen als Gasentladungslampen anzuregen. Am aussichtsreichsten sind die Dioden-Laser, auf die im Abschnitt 4.2 noch ausführlicher eingegangen werden wird. Dioden-Laser können durch direkten Stromdurchgang angeregt werden und erreichen Wirkungsgrade bis zu 50% bei der Umsetzung elektrischer Leistung in Lichtleistung. Die Emission ist schmalbandig und kann gut an das Absorptionsniveau E_3 des Festkörper-Lasers angepaßt werden. Wählt man zudem noch Systeme aus, bei denen E_3 dicht oberhalb des Laserniveaus E_2 liegt, können Wirkungsgrade von 10–20% erreicht werden. Die derzeitigen Dioden-Laser emittieren Leistungen, die bei ca. 10 mW liegen. Um in den Kilowatt-Bereich zu kommen, müssen zehntausende von Einzelemittern zusammengesetzt werden, was zu erheblichen Kosten führt. Trotzdem scheint der diodengepumpte Festkörper-Laser wegen des hohen Wirkungsgrades und der hohen Standzeit der Dioden aussichtsreich zu sein.

Man kann zu Recht fragen, warum man Dioden-Laser mit 10 kW elektrischer Anregungsleistung einsetzt, um einen Festkörper-Laser mit 1 kW Ausgangsleistung zu betreiben. Der

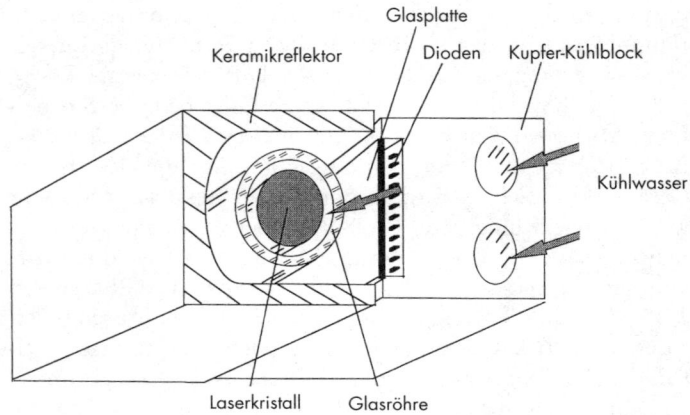

Abb. 18: Diodengepumpter Stab-Laser.

Grund hierfür liegt in der schlechten Strahlqualität der Dioden-Laser. Die Hochleistungsdiodensysteme, aus sehr vielen Einzeldioden zusammengesetzt, besitzen eine große emittierende Fläche mit einem großen Öffnungswinkel. Sie ähneln mehr einer Glühlampe als einem Laser, und ihre Strahlqualität ist sehr viel schlechter als die der anderen Laser. Der Umweg *elektrische Leistung → Dioden-Laser → Festkörper-Laser* reduziert zwar den Wirkungsgrad, erhöht aber die Strahlqualität (siehe Kap. 5). Abb. 18 zeigt einen diodengepumpten Neodym-YAG-Laser, der bei einem Wirkungsgrad von 10 % eine Ausgangsleistung bis 1 000 W liefert. Ein kleines, kompaktes und sehr effizientes Laser-System.

4.2 Dioden-Laser

Der Dioden- oder Halbleiter-Laser gehört zahlenmäßig zu den am weitesten verbreiteten Lasern. Er wird bei den Bar-Code-Scannern im Supermarkt, in CD-Spielern und in der Nachrichtenübertragung eingesetzt. Ein Winzling unter den Lasern mit Abmessungen von einigen zehntel Millimetern bei Aus-

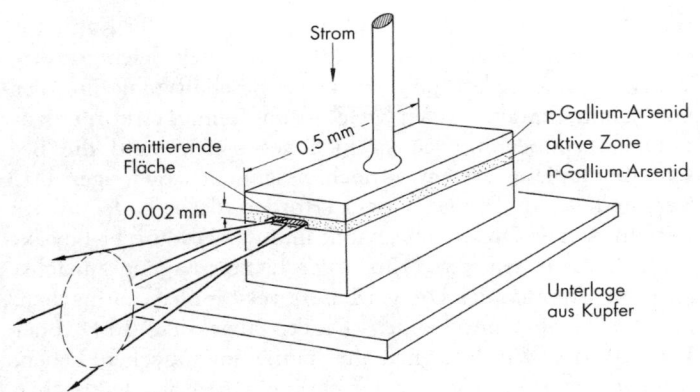

Abb. 19: Der Dioden-Laser.

gangsleistungen von einigen Milliwatt, aber Wirkungsgraden bis zu über 50 %. Er ist problemlos durch direkten Stromdurchgang zu betreiben und benötigt wegen des hohen Wirkungsgrades keine aufwendige Kühlung. Hinzu kommt seine lange Lebensdauer, die bei Dioden in der Nachrichtentechnik bis zu 50 000 Stunden betragen kann, mehr als bei allen anderen Lasern. Die seit kurzem verfügbaren Diodenmodule mit Ausgangsleistungen von einigen hundert Watt eröffnen auch für den Dioden-Laser Anwendungen in der Materialbearbeitung. Deswegen sollen diese Lasersysteme der Zukunft etwas eingehender diskutiert werden.

Der Dioden-Laser ist eigentlich auch ein Festkörper-Laser, wird aber dennoch nicht zu dieser Kategorie gerechnet. Der Grund dafür ist folgender. Die im vorangehenden Abschnitt diskutierten Festkörper-Laser bestehen aus Kristallen oder Gläsern, in die wenige Prozent laseraktive Atome eingelagert sind. Diese bewirken die Laseremission, während der Festkörper als Wirtskristall nur zur Aufbewahrung dieser aktiven Atome dient und für die Lasertätigkeit keine wesentliche Bedeutung hat. Anders der Dioden-Laser. Hier sind alle Atome des Festkörpers von Bedeutung, und das Energieniveau-

45

Schema wird durch sie wesentlich geprägt. Wie in Kapitel 2 gezeigt wurde, ist die Struktur der Atome nicht leicht zu verstehen und erfordert eine intensive Beschäftigung mit der Quantenmechanik. Treten viele Atome zum Festkörper zusammen, so beeinflussen sie sich gegenseitig, und die Beschreibung dieses System ist noch wesentlich schwieriger. Das Verständnis des Dioden-Lasers erfordert deshalb detaillierte Kenntnisse der Quantenmechanik und der Festkörper-Physik. Ich will versuchen, das Prinzip der Lichterzeugung zunächst an einer Vorstufe des Dioden-Lasers verständlich zu machen: an der Licht emittierenden Diode, abgekürzt LED oder Leuchtdiode. Wir begegnen ihr häufig im täglichen Leben, denn die roten und gelben Leuchtpünktchen an elektrischen Geräten wie Fernsehern, Videorekordern usw. sind fast ausschließlich LEDs.

Halbleiter-Kristalle

Festkörper wie Kristalle, Gläser, Metalle bestehen aus Atomen, die so nahe beieinander liegen, wie es ihre Elektronenbahnen gestatten. Dann beträgt der Abstand zweier Atome typischerweise einige 10^{-7}mm. Zehn Millionen Atome aneinandergereiht ergeben einen Millimeter. Bei diesem geringen Abstand beeinflussen sich die Elektronen gegenseitig sehr stark. Ihre Energiezustände verschieben und spalten sich in sehr viele, dicht nebeneinanderliegende Niveaus auf. Je näher sich die Atome kommen, um so größer die Aufspaltung, je mehr Atome wechselwirken, um so zahlreicher die Aufspaltungen. Es zeigt sich, daß sich jedes ursprünglich scharfe Niveau in ebenso viele Unterniveaus aufspaltet, wie Atome im Festkörper vorhanden sind. Bei etwa 10^{21} Atomen pro Kubikzentimeter ergibt sich eine entsprechend große Anzahl von Unterniveaus, die jedoch nicht mehr einzeln identifizierbar sind, sondern zu einem breiten Band verschmieren, wie in Abb. 20 skizziert. Diesem merkwürdigen Verhalten liegt ein Prinzip zugrunde, welches von W. *Pauli* (1900–1958) zuerst formuliert wurde. Es besagt, daß in einem atomaren System oder auch in einem Kristall die Elektronen unterschiedliche Energiezustände einnehmen müssen. Es dürfen also nicht zwei Elektronen dasselbe Energieniveau besetzen. Dieses wird im Festkörper dadurch erreicht, daß sich die Energieniveaus verschieben und aufspalten, so daß jedem Elektron sein individuelles Niveau zur Verfügung steht. Das scheint den vorangehenden Betrachtungen über die Besetzungszahlen der Laserniveaus und den Inversionszuständen zu widersprechen. Aber die bisher diskutierten Kristalle waren mit sehr geringen Mengen von laseraktiven Atomen dotiert worden. Deren Abstand ist groß und die gegenseitige Beeinflussung klein. Bei ihnen ist die Aufspaltung der Energieniveaus derart gering, daß sie noch durch einen scharfen Strich symbolisiert werden können.

Anders als bei einem Kristall, der nur aus laseraktiven Atomen besteht und bei dem breite Energiebänder vorliegen.

Abstand und Breite dieser Bänder hängen vom speziellen Kristall ab. Man bezeichnet das unterste mit Elektronen besetzte Band als Valenzband, da diese Elektronen für die Bindung, d. h. den Zusammenhalt der Atome, verantwortlich sind. Das darüber befindliche Band, welches teilweise oder auch gar nicht mit Elektronen besetzt ist, wird Leitungsband genannt. Diese Elektronen sind verantwortlich für die elektrische Leitfähigkeit der Kristalle. Enthält das Leitungsband keine Elektronen, kann bei Anlegen einer Spannung auch kein Strom fließen. Es handelt sich dann um einen Isolator wie z. B. Quarz, Glas oder Saphir. Das ist zunächst nicht verständlich, denn im unteren Valenzband sind genügend Elektronen vorhanden. Warum kann dann kein Strom fließen? Bei den Atomen können sich die Elektronen nur auf den diskreten Energieniveaus (Bahnen) aufhalten, beim Kristall dementsprechend nur in den Bändern. Ein Elektron, welches sich an der oberen Kante des Valenzbandes aufhält, müßte Energie aufnehmen, wenn es sich bewegen sollte. Zunehmende Energie bedeutet jedoch nach Abb. 21, daß sich das Elektron im Valenzband nach „oben" bewegt, also die Bandkante überschreiten müßte. Das darf es nicht, da dann ein verbotener Bereich beginnt.

Es erscheint zunächst verwunderlich, daß es für Elektronen bestimmter Energien verbotene Bereiche in einem Kristall gibt. Dieses Verbot ist wieder eine Folge der Wellennatur des Elektrons. Die im Kristall regelmäßig angeordneten Atome beugen die Elektronenwelle, wie der Spalt in Abschnitt 1.1 die Lichtwelle beugt, und verändern deren Richtung. Damit sich die Welle trotzdem ausbreiten kann, muß ihre Wellenlänge in einer bestimmten Relation zum atomaren Abstand stehen, andernfalls wird die Welle reflektiert. Diese Relation wurde erstmals von *W. L. Bragg* (1890–1971) für Röntgenstrahlen, also für elektromagnetische Wellen abgeleitet, gilt aber in gleicher Weise für Elektronen.

Elektronen können sich also nur innerhalb der erlaubten Bänder im Kristall bewegen, und auch nur dann, wenn das Band nicht voll besetzt ist. Nun kann durch Lichteinstrahlung erreicht werden, daß ein Elektron des Valenzbandes unter Absorption eines Photons in das Leitungsband überwechselt. Im Valenzband bleibt die positive Ladung des betreffenden Atoms, gewissermaßen ein „Loch" zurück. Bei Anlegen einer elektrischen Spannung kann jetzt ein benachbartes Elektron in dieses Loch springen, d. h., das Loch verschiebt sich usw.

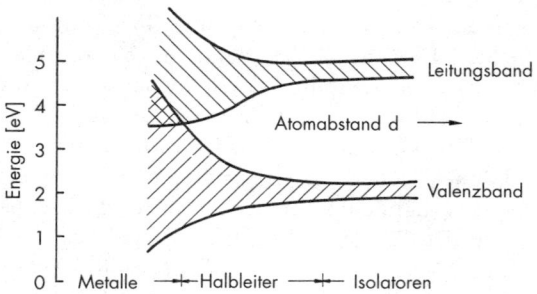

Abb. 20: Treten Atome zu einem Festkörper zusammen, so spalten sich die Energieniveaus mit abnehmendem Abstand der Atome auf und verschieben sich. Letztlich entstehen Energiebänder. Das untere mit Elektronen voll besetzte Band wird *Valenzband*, das obere gar nicht oder nur teilweise besetzte Band wird *Leitungsband* genannt.

Im Valenzband springt ein Elektron von Loch zu Loch oder, dem gleichbedeutend, ein Loch bewegt sich in die entgegengesetzte Richtung. Man bezeichnet diese Art der Leitung „Löcherleitung". Das Elektron im Leitungsband kann sich ebenfalls unter dem Einfluß der angelegten Spannung bewegen und trägt zum Strom bei. Aus dem Isolator ist ein Leiter, genauer ein Halbleiter, geworden.

Das Elektron kann aus dem Leitungsband in ein Loch zurückspringen und die dabei frei werdende Energie durch spontane Emission von Licht abgeben. Dieses System könnte zur Lichterzeugung eingesetzt werden, nur nutzt das per Saldo nichts, da bei der Emission nur das gewonnen wird, was bei der Erzeugung des Elektron-Loch-Paares an Licht durch Absorption aufgewendet wurde. Es muß nach anderen Möglichkeiten der Erzeugung von beweglichen Elektronen und Löchern in einem Kristall gesucht werden.

Wird in dem Kristall, z.B. einem Gallium-Arsenid-Kristall, ein Teil der fünfwertigen Arsen-Atome durch sechswertige Selen-Atome ersetzt, so geben diese Fremdatome sehr leicht die überschüssigen Elektronen an das Leitungsband ab und erhöhen auf diese Art die Leitfähigkeit beträchtlich. In gleicher

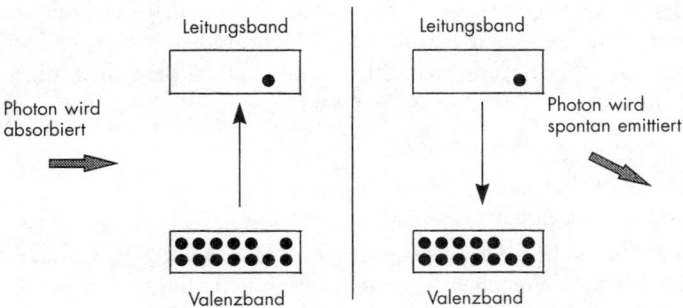

Abb. 21: Durch Energieaufnahme, z.B. durch Absorption eines Photons, wird ein Elektron aus dem voll besetzten Valenzband in das leere Leitungsband gehoben und hinterläßt ein „Loch". Dann kann ein Strom fließen. Fällt das Elektron zurück in ein Loch (Rekombination), wird Licht spontan emittiert.

Weise erhöht der Austausch der dreiwertigen Gallium-Atome durch zweiwertige Zink-Atome die Löcher-Konzentration im Valenzband und vergrößert ebenfalls die Leitfähigkeit. Der erste Fall wird *n-Dotierung* (negative Ladungen entstehen) genannt, der zweite Fall *p-Dotierung* (positive geladene Löcher entstehen). Nun werden ein p-dotierter und ein n-dotierter Kristall zusammengesetzt; es ist der sogenannte *p-n-Übergang* entstanden, Grundlage der Transistor-Technik. Wird an diesen Übergang eine Spannung der richtigen Polarität gelegt, so fließen Löcher und Elektronen aufeinander zu, treffen sich am p-n-Übergang und rekombinieren. Die Elektronen fallen in die Löcher und ihre Energie wird als Licht spontan emittiert. Der p-n-Übergang leuchtet.

Das ist im Prinzip die Leuchtdiode, die sich durch geringe Abmessungen und hohen Wirkungsgrad bei der Umsetzung elektrischer Energie in Licht auszeichnet. Die Wellenlänge des erzeugten Lichts hängt von der Energiedifferenz zwischen Leitungs- und Valenzband ab, denn die Energie des emittierten Photons muß gleich der Energiedifferenz der Bänder $h \cdot v = E_2 - E_1$ sein. Diese hängt vom speziellen Kristall ab und kann in weiten Grenzen geändert werden. Die Wellenlänge der Leuchtdioden reicht vom fernen Infrarot ($\lambda = 16\ \mu m$) bis in den blauen Spektralbereich ($\lambda = 0,45\ \mu m$). Ein Nachteil sei erwähnt: Die Lichtleistung der Leuchtdioden ist wegen der geringen Abmessung sehr gering und liegt im Bereich weniger Milliwatt.

Die Laserdiode

Die Leuchtdiode kann zu einer Laserdiode weiterentwickelt werden. Neben der Absorption von Licht, bei der Elektronen-Loch-Paare entstehen, und der spontanen Emission, bei der Elektronen-Loch-Paare verschwinden, existiert beim p-n-Übergang auch die induzierte Emission. Durch Einstrahlung von Licht der passenden Frequenz werden Elektronen veranlaßt, mit den Löchern zu rekombinieren. Die dabei frei werdende Energie wird dem eingestrahlten Licht mitgegeben, es wird verstärkt. Spiegel auf den Endflächen des Kristalls sorgen für die Rückkopplung, und aus der spontanen Emission kann sich die Laseremission aufbauen. Bei geeigneten Halbleiter-Systemen, und dazu gehört die Kombination Gallium-Arsen, überwiegt oberhalb einer Schwellstromstärke die induzierte Emission. Die Verstärkung, auch bei Dioden von nur einem Millimeter Länge, kann so groß werden, daß die Reflexion an den Endflächen der Diode ausreicht, um die Selbsterregungsbedingung GR > 1 zu erfüllen. Die spontan emittierende Diode ist zum Dioden-Laser geworden und emittiert einen schmalbandigen Laserstrahl. Der Öffnungswinkel θ kann dem minimal möglichen, durch die Beugungstheorie vorgegebenen Wert (siehe Kap. 5) entsprechen. Trotzdem ist θ nicht so klein wie bei anderen Lasern. Der Grund ist die geringe Abmessung der aktiven Zone in der Größenordnung von einigen Mikrometern, also nur wenig größer als die Wellenlänge. Das gibt Anlaß zu starker Beugung. Mit geeigneten mikrooptischen Systemen kann der Öffnungswinkel jedoch reduziert werden.

Durch sehr aufwendige Herstellungsverfahren wird erreicht, daß die aktive Zone im p-n-Übergang aus einem schmalen Kanal besteht, der sowohl das Licht als auch die Elektronen gut führt. Man bezeichnet derartige Laser als *Monomode-Dioden*. Diese Dioden werden überwiegend in der Nachrichtentechnik eingesetzt. Deren Ausgangsleistung liegt bei nur einigen Milliwatt, aber bezogen auf die geringe Fläche bedeutet es eine Intensität von einigen hundert Kilowatt pro cm^2, also mehr als bei vielen anderen Lasern.

Der Dioden-Laser zeichnet sich aus durch
- einen hohen Wirkungsgrad von 50% und mehr,
- geringe Kosten,
- geringe Abmessungen von einigen zehntel Millimetern und
- einfache Modulierbarkeit.

Da die Ausgangsleistung dem anregenden Strom proportional ist, kann dem Laserlicht ein Nachrichtensignal direkt über den Strom aufgeprägt werden. Auf diese Weise können Frequenzen bis zu einigen Gigahertz (10^9 Hz) übertragen werden.

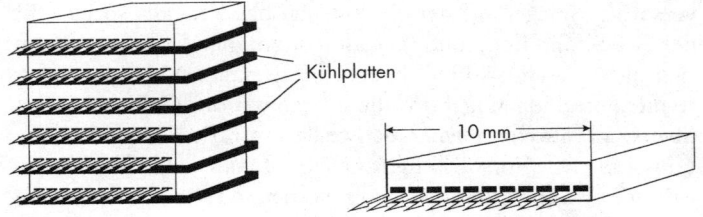

Abb. 22: Der Dioden-Stapel (links) mit Ausgangsleistungen bis zu 200 W pro cm^2 und der Diodenstreifen (rechts).

Für einige Anwendungen reicht aber die geringe Leistung der Einzeldiode nicht aus. Um sie zu erhöhen, werden viele aktive Zonen nebeneinander gesetzt. Auf diese Weise lassen sich Streifen mit einer Ausgangsleistung bis zu 20 W pro cm Länge herstellen. Viele Streifen übereinandergesetzt, liefern Dioden-Stapel mit Ausgangsleistungen bis zu 200 W pro cm^2, was ausreicht, um Festkörper-Laser anzuregen oder auch für den direkten Einsatz in der Materialbearbeitung genügt (Abb. 22).

4.3 Farbstoff-Laser

Farbstoffe werden seit Jahrhunderten benutzt, um Gewebe, Papier, Lebensmittel oder andere Materialien des täglichen Bedarfs zu färben. Sie werden aus Mineralien (Ocker, gebrannte Siena), aus Pflanzen (Henna) oder Tieren (Purpurschnecke, Chochenillaus) gewonnen. Heute sind diese natürlichen Farbstoffe weitgehend durch synthetische Farben verdrängt. Insbesondere werden Anilin-Farben wegen ihrer intensiven Leuchtkraft verwendet.

Zwar sind die Farbstoffe sehr komplizierte Moleküle, zusammengesetzt aus hunderten von Atomen, aber die Lichtemission beruht auf dem gleichen Prinzip wie bei den Atomen. Es wird z. B. Tageslicht absorbiert, und über einen Zustand E_3 (Abb. 12) geht ein äußeres Elektron im Farbstoffmolekül in einen langlebigen Zustand E_2 über. Von dort erfolgt die Rückkehr in den Grundzustand durch spontane Emission von

Licht. Da die Energie des Niveaus E_3 über der des Niveaus E_2 liegt, geht stets etwas Energie verloren, d. h., die Emission des Farbstoffes ist immer langwelliger als die Absorption. Bei hinreichend intensiver Einstrahlung von Licht kann wiederum ein Inversionszustand hergestellt werden. Der ganze Mechanismus ist dem Festkörper-Laser vergleichbar. Bei ihm sind es Atome in einem Kristall, beim Farbstoff-Laser sind es vielatomige Moleküle, die sich in einem Lösungsmittel wie Wasser oder Alkohol befinden. Die Anregung kann durch Blitzlampen oder andere Laser erfolgen. Welches sind die Vorzüge eines Farbstoff-Lasers?

- Er zeigt eine breitbandige, abstimmbare Emission wie die vibronischen Festkörper-Laser.
- Es gibt Hunderte von Farbstoffen, die das gesamte sichtbare Spektrum überdecken.
- Das aktive Medium ist einfach und preiswert herzustellen.

Trotzdem ist seine Bedeutung im Abnehmen begriffen. Die Farbstoff-Lösungen sind von minderer optischer Qualität und bereiten Probleme bei der Entsorgung. Farbstoff-Laser werden heute weitgehend durch abstimmbare Festkörper-Laser und nichtlineare Elemente ersetzt.

4.4 Gas-Laser

Alle Gase sind bei geeigneter Anregung laserfähig. Ihre Wellenlängen decken den Spektralbereich vom Ultraviolett (λ = 0,19 µm) bis in den Mikrowellenbereich (λ = 3 mm) ab. Gase können in verschiedenen Formen vorliegen, wie Tab. 5 zeigt. Es sollen exemplarisch einige wichtige Gas-Laser vorgestellt werden.

Der *Helium-Neon-Laser (He-Ne)* ist mit Abstand der bekannteste Laser, wird er doch häufig als Zeigestockersatz benutzt. Der prinzipielle Aufbau ist in Abb. 23 skizziert. In einem Quarzrohr von wenigen Millimetern Durchmesser und ca. 50 cm Länge befindet sich ein Gemisch aus Helium und Neon. Zwischen den beiden Elektroden findet eine Gasentladung statt, vergleichbar mit den wohlbekannten Entladungs-

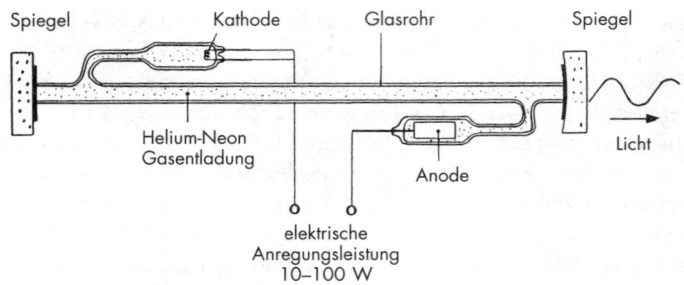

Abb. 23: Prinzipieller Aufbau eines Helium-Neon-Lasers.

lampen der Leuchtreklame. Die in der Gasentladung stets vorhandenen Elektronen werden durch die angelegte Spannung beschleunigt, stoßen mit den Helium- oder Neon-Atomen zusammen, übertragen Energie auf diese Atome und bewirken Übergänge der Atomelektronen in höhere Energiezustände. Zusätzlich übertragen die angeregten Helium-Atome ihre Energie durch Stoß auf die Neon-Atome. Bei geeigneten Bedingungen der Gasentladungsparameter (Druck, Spannung, Gasgemisch) wird bei den Neon-Atomen ein Inversionszustand erreicht, und eine Vielzahl von Wellenlängen kann zur Laseremission angeregt werden. Hierzu gehört auch rotes Licht der Wellenlänge $\lambda = 0{,}63\ \mu m$. Die beiden Spiegel des Laser-Oszillators können außerhalb des Entladungsrohres angebracht oder auch direkt auf das Rohr geklebt werden. Letzteres führt zu erhöhter Stabilität. Der Verstärkungsfaktor dieser Gasentladung ist gering. Damit die Selbsterregungsbedingung $G \cdot R > 1$ erfüllt werden kann, muß der Reflexionsgrad R des Auskoppelspiegels hoch sein. Die Ausgangsleistung eines He-Ne-Lasers liegt bei wenigen Milliwatt, was jedoch für viele optische Anwendungen ausreicht.

Der *Kohlenstoffdioxid-Laser (CO₂)* ist ein Beispiel für einen Moleküllaser. Die Anregung erfolgt ebenfalls durch eine elektrische Entladung in einem Gemisch aus CO_2, Stickstoff N_2 und Helium He. Dabei wird beim CO_2-Molekül eine Inversion erzeugt. Die beiden Energieniveaus, zwischen denen

Lasertätigkeit auftritt, repräsentieren in diesem Fall nicht verschiedene Elektronenbahnen, sondern verschiedene Schwingungen des CO_2-Moleküls. Die Frequenzen der Molekülschwingungen sind um etwa eine Größenordnung geringer als die Frequenzen, die den Übergängen zwischen zwei Bahnen zuzuordnen sind. Demzufolge liegt die Wellenlänge des CO_2-Lasers im infraroten Bereich des Spektrums bei $\lambda = 9\text{--}10\ \mu m$, unsichtbar für das Auge. Dieses Licht kann auch nicht mit einer normalen Glasoptik fokussiert werden, da diese derart langwelliges Licht absorbiert. Es müssen Spezialoptiken aus dem Metall Germanium (Ge) oder Zinksulfid (ZnS) verwendet werden. Der CO_2-Laser zeichnet sich durch einen hohen Wirkungsgrad (15–20%) und Ausgangsleistungen bis zu 40 kW aus. Er wird deshalb bevorzugt zur Materialbearbeitung eingesetzt.

Am Beispiel des CO_2-Lasers soll noch eine andere Art der Anregung vorgestellt werden, die für eine ganze Gruppe von Lasern, die gasdynamischen Laser, von Bedeutung ist. Hierzu

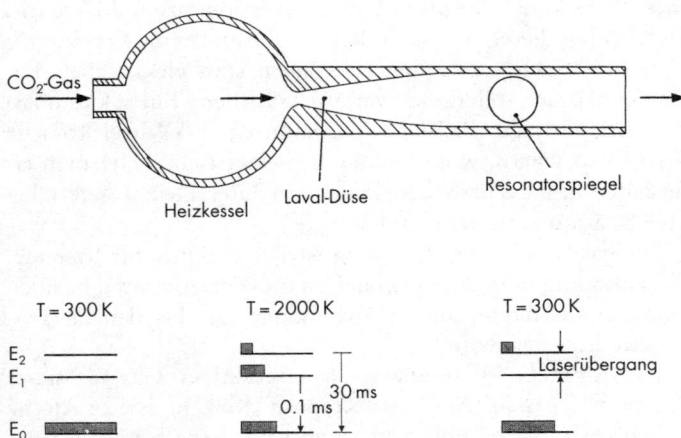

Abb. 24: Der prinzipielle Aufbau eines CO_2-gasdynamischen Lasers. T gibt die jeweilige Temperatur des Gases an. Die beiden Spiegel stehen senkrecht zur Strömung des Gases.

betrachten wir die drei für den Laserprozeß relevanten Energiezustände des CO_2-Moleküls, wie sie in Abb. 24 skizziert sind. Die Lasertätigkeit findet zwischen den Niveaus E_2, E_1 statt, der Grundzustand sei E_0. Zunächst wird das CO_2-Gas in einem Gefäß auf ca. 1 000 K erwärmt. Im thermischen Gleichgewicht sind dann die drei Energiezustände gemäß der in Abschnitt 2.2 beschriebenen Boltzmann-Verteilung besetzt. Die meisten Moleküle befinden sich im Grundzustand E_0, wenige in E_1 und noch etwas weniger in E_2. Dann läßt man das Gas durch eine Düse ausströmen. Dabei kühlt es sich ab, und im neuen Gleichgewicht, bei der sehr viel geringeren Temperatur, befinden sich nahezu alle Moleküle im Grundzustand E_0. Dazu bedarf es jedoch einer gewissen Zeit, die von der Verweilzeit der Moleküle in den beiden hier betrachteten Energieniveaus abhängt. Beim CO_2-Molekül beträgt die Verweilzeit im Niveau E_1 ca. 100 μs, im Niveau E_2 dagegen 500 μs. Das untere Laserniveau entleert sich somit sehr schnell, das obere aber langsamer. In einem gewissen Abstand hinter der Düse befinden sich deshalb im ausströmenden Gas mehr Moleküle in E_2 als in E_1, ein Inversionszustand liegt vor. Der Vorteil dieser Anregung besteht darin, chemische Energie zum Erwärmen verwenden zu können statt elektrischer. Ein Zahlenbeispiel soll dieses veranschaulichen: Ein Akkumulator, wie ihn jeder PKW besitzt, kann ca. 1 kWh elektrische Energie speichern, womit man einen elektrischen Heizofen eine halbe Stunde betreiben kann. Ein Liter Heizöl liefert bei voller Ausnutzung etwa 10 kWh.

Die gasdynamische Anregung ist gut geeignet für Systeme, die kurzzeitig hohe Energien liefern müssen. Aber es gibt noch eine weitaus interessantere Anwendung, die bei den Plasma-Lasern diskutiert wird.

Die *Ionen-Laser* benutzen als laseraktives Gas ionisierte Atome wie Argon (Ar^+) oder Krypton (Kr^+). Ionisierte Atome haben ein Elektron abgegeben und sind deshalb positiv geladen, d.h., der Atomkern besitzt eine überschüssige positive Ladung. Die verbleibenden Elektronen sind dann sehr viel fester gebunden als bei einem neutralen Atom, und die Energieniveaus besitzen entsprechend höhere Energien. Deshalb sind die Wellenlängen der Ionen-Laser kürzer und liegen mehr im grünen und blauen Spektralbereich, während die Wellenlängen der atomaren Gas-Laser im roten und infraroten Bereich liegen. Ionen-Laser können Ausgangsleistungen bis zu 100 Watt liefern, jedoch ist der Wirkungsgrad sehr gering. Der Grund dafür ist, daß Energie nicht nur zur Anregung der relevanten Niveaus aufgewendet werden muß, sondern, daß das Atom auch noch ionisiert werden muß. Deshalb ergeben sich nur Wirkungsgrade von einem halben Prozent und darunter.

Besonders interessant sind die *Excimer-Laser,* ebenfalls Gas-Laser. Das Gas besteht aus Edelgasmolekülen. Hierbei handelt es sich um Moleküle, die nur im angeregten Zustand existieren. Ein Beispiel ist das Kryptonfluorid (KrF). Krypton ist ein Edelgas, so genannt, weil es keine chemische Verbindung mit anderen Elementen eingeht. Das gilt jedoch nur für Krypton im Grundzustand. Ist das Krypton-Atom in einer Gasentladung durch Stoß mit einem Elektron in einen angeregten Zustand übergegangen, kann es sich z. B. mit einem Fluor-Atom zu einem Molekül verbinden. Diese Verbindung besteht jedoch nur kurzzeitig. Nach wenigen Nanosekunden (10^{-9}s) zerfällt das Molekül. Zurück bleibt ein angeregtes Krypton-Atom. Es kann seine Anregungsenergie durch spontane oder induzierte Emission abgeben

Tab. 5: Einige Beispiele für Gas-Laser;
cw: kontinuierlicher Laser, p: gepulster Laser.

	Wellenlänge λ [μm]	Betriebsart	Leistung P [W]
Helium/Neon	0,63	cw	10^{-2}
Kohlenstoffdioxid	9–10	cw	10^4
Stickstoff (N_2)	0,337	p	10^6
Argon-Ionen	0,448	cw	10^2
Krypton-Ionen	0,647	cw	10
Kryptonfluorid	0,249	p	

und deshalb als laseraktives Medium verwendet werden. Es gibt viele derartige Excimere, wie z. B. Argon-Moleküle (Ar_2), Xenon-Moleküle (Xe_2), Argonfluorid (ArF) oder Xenonbromid (XeBr). Sie sind von Interesse, weil ihre Wellenlängen sich bis in den nahen Ultraviolett-Bereich erstrecken ($\lambda = 0,19$ µm).

Auch Dämpfe können zur Laseremission veranlaßt werden. Das kann Wasserdampf sein mit einer Wellenlänge (von $\lambda = 28$ µm) im fernen Infrarot, aber auch Kupfer- oder Golddampf im sichtbaren Spektralbereich. Diese Systeme sind wegen der hohen Siedetemperaturen der Metalle technisch allerdings etwas schwieriger zu handhaben.

4.5 Plasma-Laser, ein Weg zum Röntgen-Laser

Die Plasma-Laser sind z. Z. noch ohne jede technische Bedeutung, jedoch trotzdem die interessantesten Systeme, denn sie werden den Röntgenbereich erschließen. Röntgenstrahlen bei Wellenlängen von $\lambda = 10^{-8}–10^{-9}$ m sind von sehr großer Bedeutung für zahlreiche Anwendungen in der Medizin und in den Materialwissenschaften. Bisher stehen hierfür nur inkohärente Röntgenstrahlen zur Verfügung, also Röntgenstrahlen, die durch spontane Emission erzeugt werden. Die kohärenten Strahlen eines Röntgen-Laser würden ganz neue Möglichkeiten eröffnen. In der Medizin könnte ein Röntgen-Laser sehr viel schärfere Bilder bei geringerer Strahlenbelastung liefern, in der Kristallphysik könnten die atomaren Strukturen durch Hologramme sichtbar gemacht werden.

Der kurzen Wellenlänge der Röntgen-Laser entsprechen hohe Frequenzen und damit große Photonenenergien $h \cdot v$. Ein Vergleich mit dem sichtbaren Spektrum verdeutlicht dieses:

	Wellenlänge λ/m	Photonenenergie $h \cdot v$/Ws
sichtbar (grün)	$5 \cdot 10^{-7}$ m	$3 \cdot 10^{-16}$ Ws
Röntgenbereich	10^{-9} m	$6 \cdot 10^{-13}$ Ws

Zwar erscheinen 10^{-13} Wattsekunden (Ws) wenig, wenn man an makroskopische Energien denkt, da einer Wattsekunde etwa 0,25 cal entsprechen, aber im atomaren Maßstab sind 10^{-13} Ws sehr viel. Als aktives Medium, dessen Energieniveaus Abstände dieser Größenordnung besitzen, kann man nicht mehr die äußeren Elektronen der Atome verwenden, da deren typische Energieabstände bei 10^{-16} Ws liegen. Es müssen Elektronenübergänge von Bahnen ausgenutzt werden, die nahe am Kern liegen und entsprechend hohe potentielle Energie besitzen. Geeignet sind somit hochionisierte Atome, die viele Elektronen abgegeben haben. Derartige Atome sind nicht leicht herzustellen, neigen sie doch dazu, Elektronen aus ihrer Umgebung einzufangen, um schnell wieder in den neutralen Zustand zurückzukehren.

Am Kohlenstoff-System soll beispielhaft das Prinzip des Röntgen-Lasers erläutert werden. Kohlenstoff besitzt als Atom sechs Elektronen. Entfernt man fünf davon, bleibt ein wasserstoffähnliches System mit einem Elektron übrig, gekennzeichnet mit C^{5+}. Es besteht jedoch ein wesentlicher Unterschied zum Wasserstoff. Bei letzterem kreist ein Elektron um einen Kern mit einer positiven Ladung. Beim fünffach ionisierten Kohlenstoff kreist das verbleibende Elektron um sechs positive Ladungen und wird entsprechend kräftig angezogen. Die Energieabstände der Bahnen wachsen mit dem Quadrat der Kernladungszahl, sind also in diesem Fall um den Faktor 36 größer. Entsprechend kürzer ist die Wellenlänge des emittierten Lichts.

Wasserstoff H: Der Energieabstand des dritten vom zweiten Energieniveau beträgt umgerechnet in die Wellenlänge des emittierten Lichts $\lambda = 0,68$ µm; rotes Licht, das bei den Astrophysikern als H_α-Linie bekannt ist.

Kohlenstoff C^{5+}: Die Wellenlänge des Lichts, welches beim Übergang vom dritten zum zweiten Niveau emittiert wird, liegt jetzt bei $\lambda = 0,018$ µm.

Für noch kürzere Wellenlängen muß man Atome mit Kernen höherer Protonenzahlen, also höherer Ordnungszahlen, verwenden. Das Problem ist die Erzeugung derartiger hochionisierter Atome. Hier bieten sich die Plasmen an. Ein Plasma ist ein sehr heißes Gas mit einer Temperatur von einigen tausend bis hunderttausend Grad. Diese Temperaturen reichen aus, um die Atome weitgehend zu ionisieren. Je höher die Temperatur, desto höher der Ionisierungsgrad. Derartige Plasmen existieren stationär in Sternatmosphären. Auf der Erde können solche Plasmen nur kurzzeitig, z. B. in einer gepulsten Gasentladung, bei sehr hohen Stromstärken erzeugt werden.

Es kann aber auch der Laser hierfür eingesetzt werden. Wie noch im folgenden Kapitel 5 gezeigt wird, ist es möglich, mit dem Festkörper-Laser für wenige Pikosekunden (10^{-12} s) extrem hohe Intensitäten zu erzeugen. Fokussiert man diese Lichtpulse auf eine Kohlenstoff-Folie, so wird die Folie schlagartig auf sehr hohe Temperaturen aufgeheizt. Dabei werden die Kohlenstoff-Atome weitgehend ionisiert und erhalten eine hohe Geschwindigkeit. Die ionisierten Atome fliegen auseinander und kühlen sich dabei ab, und es kann, wie beim CO_2-Laser, der gasdynamische Effekt auftreten. Die Lebensdauer der Energieniveaus des Kohlenstoffions ist unterschiedlich, und kurzfristig stellt sich ein Inversionszustand ein. Beim C^{5+} ergibt sich eine Inversion zwischen dem dritten und zweiten Energieniveau, deren Energiedifferenz einer Wellenlänge von $\lambda = 0,018$ µm entspricht. Licht dieser Wellenlänge kann verstärkt werden. Im Prinzip steht damit ein Röntgen-Laser zur Verfügung. Doch noch ist es nicht soweit, da viele technische Probleme auftreten:

- Das verstärkende Medium existiert nur kurze Zeit, da die Kohlenstoffionen sehr schnell auseinander laufen.
- Der Verstärkungsfaktor ist gering, weil die Ausdehnung des aktiven Mediums klein ist.
- Es gibt für diese Wellenlängen noch keine hochreflektierenden Spiegel.

Trotzdem wird in vielen Labors intensiv an diesem Problem gearbeitet. Der prinzipielle Aufbau eines Röntgenlasers ist in Abb. 25 skizziert. Ein dünner Metallfaden, z. B. Beryllium, von 0,1 mm Durchmesser und 10 mm Länge wird auf seiner ganzen Länge mit einem intensiven Laserpuls bestrahlt. Es entsteht ein fadenförmiges Plasma und ein verstärkendes Medium entsprechender Länge. Spontan erzeugtes Röntgenlicht, das längs des Metallfadens läuft, wird höher verstärkt als Licht, welches in radialer Richtung läuft. Dieser Unterschied läßt sich nachweisen.

Es ist in vielen Experimenten gezeigt worden, daß auch im Röntgenbereich verstärkende Medien herstellbar sind, aber die Selbsterregungsbedingung ist noch nicht erreicht worden. Man bezeichnet solche Systeme, die Licht in Vorzugsrichtungen verstärken und emittieren, dabei aber nicht die Schwelle der Selbsterregung erreichen, als *Superstrahler*. Nach dieser Definition gibt es z. Z. noch keine Röntgen-Laser, nur Röntgen-Superstrahler. Es war ein Ziel des US-Rüstungsprogramms SDI (Strategic Defense Initiative), einen Hochleistungs-Röntgen-Laser zum Abschuß von Raketen zu entwickeln. Das hierzu notwendige Plasma sollte mit der intensiven Strahlung (γ-Strahlung) von Nuklear-Bomben erzeugt werden. Dieser Entwicklungsansatz war jedoch ein Fehlschlag.

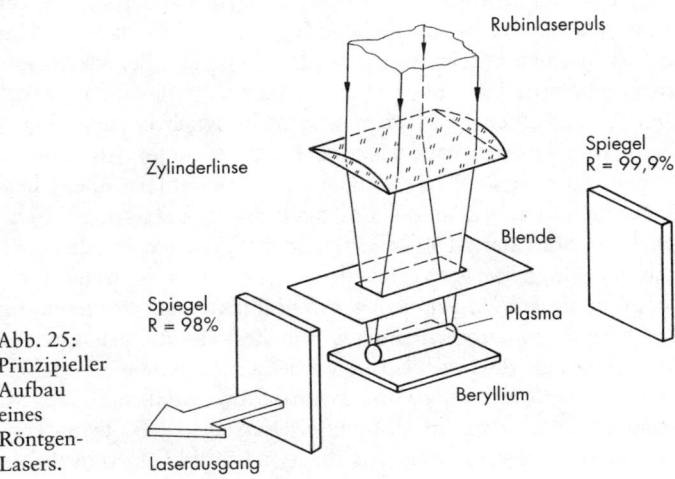

Abb. 25: Prinzipieller Aufbau eines Röntgen-Lasers.

Rubinlaserpuls

Zylinderlinse

Spiegel R = 99,9%

Blende

Spiegel R = 98%

Plasma

Beryllium

Laserausgang

4.6 Elektronenstrahl-Laser

Im Jahr 1950, lange vor der Entdeckung des Lasers, schlugen Smith und Purcell eine abstimmbare Lichtquelle vor, die unter ihren Namen bekannt wurde. Dabei nutzten sie den im folgenden skizzierten Effekt aus.

Eine Metallplatte wird mit sehr feinen, parallelen Furchen versehen. Bewegt sich ein Elektron dicht über dieser Platte und kreuzt die Furchen, so ändert es seinen Abstand periodisch im Takt der Furchen und strahlt eine elektromagnetische Welle ab. Die Frequenz der periodischen Bewegung hängt von der Geschwindigkeit des Elektrons und den Abständen der Furchen ab. Soll die Frequenz der Welle im Bereich der Lichtfrequenzen liegen, benötigt man sehr hohe Geschwindigkeiten der Elektronen und kleine Furchenabstände. Die Frequenz des emittierten Lichts kann sehr einfach über die Geschwindigkeit der Elektronen verändert werden. Diese Smith-Purcell-Lichtquelle funktionierte im Prinzip, hat es aber nie zu einer technisch verwertbaren Lichtquelle gebracht. Die Intensität war zu gering und die Furchenabstände konnten nicht hinreichend eng hergestellt werden, so daß die Emissionsfrequenzen im Infraroten lagen. Außerdem handelt es sich um eine inkohärente Lichtquelle. Zwar emittiert das einzelne Elektron einen regelmäßigen Sinuswellenzug, aber viele Elektronen liefern viele unkorrelierte Wellenzüge. Die Schwingungen der einzelnen Elektronen sind nicht synchronisiert. Letztlich handelt es sich wieder um eine Art spontaner Emission.

Der Laser gab dann den Anstoß, nochmals über diese Lichtquelle nachzudenken und verbesserte Versionen zu entwickeln. Statt der Metalloberfläche mit Furchen werden periodische Magnetfelder verwendet, die ebenfalls die freien Elektronen zum Schwingen anregen. Die Elektronen kommen aus einem Elektronenbeschleuniger und besitzen nahezu Lichtgeschwindigkeit. Die wichtigste Verbesserung war die Synchronisation der Elektronen, und zwar dadurch, daß man das System zwischen zwei Spiegel setzte. Die sich dabei ausbildende stehende Lichtwelle sorgt für die Synchronisation oder führt,

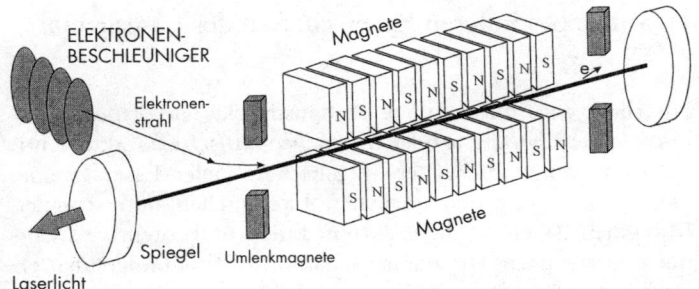

Abb. 26: Der Elektronenstrahl-Laser (Freie-Elektronen-Laser).

dem gleichbedeutend, zu induzierter Emission. Die Vorteile des Elektronenstrahl-Lasers (auch „Freie-Elektronen-Laser" genannt) liegen auf der Hand:

- Die Wellenlänge dieses Lasers ist über die Geschwindigkeit der Elektronen einfach abstimmbar.
- Die Erzeugung sehr hoher Frequenzen durch entsprechend schnelle Elektronen ist möglich.

Es gibt in verschiedenen Forschungsinstituten bereits funktionierende Elektronenstrahl-Laser mit Wellenlängen bis in den sichtbaren Spektralbereich. Der richtige Laserbetrieb, d.h. die Erfüllung der Selbsterregungsbedingung im ultravioletten Spektralbereich und im Röntgengebiet, scheiterte bisher an technischen Problemen. Sehr wohl emittiert dieses Elektronenstrahlsystem auch kurzwelliges Licht, jedoch nur durch spontane Emission. Der Elektronenstrahl-Laser findet vielfachen Einsatz in der Forschung und zukünftig auch im industriellen Bereich als intensive Ultraviolett-Lichtquelle.

5. Die besonderen Eigenschaften des Laserlichts

Laserlicht wird durch einige Fachausdrücke wie *örtlich kohärent*, *zeitlich kohärent* oder *monochromatisch* charakterisiert. Hinzu kommt eine weitere Eigenschaft vieler Lasersysteme, die sie stark von den normalen Lichtquellen unterscheidet. Mit ihnen ist es möglich, extrem kurze und intensive Lichtpulse zu erzeugen. Diese Eigenschaften sollen im folgenden erläutert werden, da sie ganz wesentlich für die wissenschaftlichen und technischen Einsatzmöglichkeiten des Lasers sind.

5.1 Zeitliche Kohärenz

Zwischen den beiden Spiegeln des Laser-Resonators bildet sich eine stehende Lichtwelle aus, wie in Kapitel 3 (siehe Abb. 16) gezeigt wurde. Einer der beiden Spiegel ist hoch reflektierend mit einem Reflexionsgrad von $R_2 \approx 99,99\,\%$. Dieser Spiegel läßt fast kein Licht aus dem Resonator austreten. Der andere Spiegel besitzt einen Reflexionsgrad von $R_1 = 50$ bis $98\,\%$, abhängig vom speziellen System. Auf dieser Seite verläßt ein Teil des internen Feldes den Resonator und liefert einen regelmäßigen Sinuswellenzug. Der Energieverlust des Resonators wird gerade durch die Verstärkung des aktiven Mediums kompensiert, so daß der Sinuswellenzug eine konstante Amplitude besitzt. Das ist ein völlig anderes Strahlungsfeld, als es eine normale Lichtquelle infolge spontaner Emission liefert. Letztere besteht aus kurzen, statistisch verteilten Wellenzügen.

Ein idealer klassischer Sinuswellenzug besitzt eine genau definierte Frequenz und die Amplitude ist zu jedem Zeitpunkt festgelegt. Der Laser, auch wenn er durch keine technischen Störungen beeinflußt wird, kann diesen idealen Wellenzug nicht liefern. Die Photonen, die diese Welle repräsentieren, lassen es nicht zu. Durch die induzierte Emission werden zwar die emittierenden Atome synchronisiert und sollten einen regelmäßigen Wellenzug aussenden, aber hin und wieder schert ein Atom aus dem Gleichtakt aus und emittiert spontan ein Photon, welches nun in Frequenz und Phase nicht mit dem vorhandenen Strahlungsfeld übereinstimmt. Dem regelmäßigen Strahlungsfeld überlagert sich eine statistische Störung. Diese ist zwar gering, aber mit wachsender Zeit addieren sich die Störungen und der reale Sinuswellenzug verschiebt sich in nicht vorhersagbarer Weise gegen einen idealen Wellenzug. Die Zeit, nach der diese Verschiebung eine halbe Wellenlänge ausmacht, nennt man *Kohärenzzeit* τ_{coh}. Multipliziert man die Kohärenzzeit mit der Lichtgeschwindigkeit, ergibt sich die Länge des ungestörten Wellenzuges, die Kohärenzlänge l_{coh} = $c_o \cdot \tau_{coh}$. Die Größe der Kohärenzzeit hängt stark von der Lichtquelle ab, wie Tab. 6 zeigt. Bei einer thermischen Lichtquelle, z. B. einer Glühlampe, sind die ungestörten Wellenzüge extrem kurz. Der Grund dafür sind die starken Störungen, denen die emittierenden Wolfram-Atome der Lampenwendel infolge der hohen Temperatur ausgesetzt sind. Ein Laser, der sorgfältig gegen alle Störungen, wie mechanische Schwingungen, thermische Einflüsse usw., abgeschirmt ist, besitzt eine sehr große Kohärenzlänge. Man kann zusätzlich einen solchen Laser durch aufwendige elektronische Maßnahmen stabilisieren und erreicht Kohärenzzeiten von einigen Sekunden.

Das erscheint nicht viel für unser normales Zeitgefühl, aber man muß beachten, daß das Licht in einer Sekunde 300 000 km zurücklegt. Ein solcher Laser emittiert somit einen regelmäßigen Sinuswellenzug von 300 000 km Länge und mehr. Alle normalen Laser liegen mit ihrer Kohärenzzeit merklich unter diesem Maximalwert.

Der Kehrwert der Kohärenzzeit wird *spektrale Bandbreite* $\Delta\nu$ des Lasers genannt. Schawlow und Townes leiteten eine Formel für den idealen Laser ab. Diese besagt, daß die Bandbreite um so kleiner ist, je geringer die spontane Emissionsrate bezogen auf die Ausgangsleistung des Lasers ist. Eine Beziehung, die qualitativ sofort einsichtig ist.

Die Kohärenzzeit läßt sich durch eine Anordnung bestimmen, die von *A. A. Michelson* (1852–1931) stammt und in Abb. 27 skizziert ist, bekannt als *Michelson-Interferometer*.

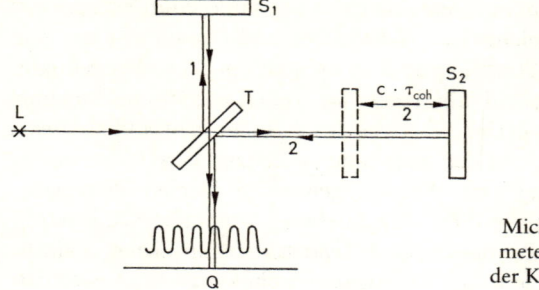

Abb. 27: Das
Michelson-Interfero-
meter zur Ermittlung
der Kohärenzzeit τ_{coh}.

Der zu untersuchende Lichtstrahl wird durch einen halb-
durchlässigen Spiegel T in zwei gleich starke Strahlen aufgespalten, die auf die Spiegel S_1 bzw. S_2 fallen und in sich reflektiert werden. Der Teilerspiegel vereinigt beide Strahlen
und in der Beobachtungsebene Q sieht man deren Überlagerung. Sind die Wege S_1 T und S_2 T gleich groß, so trifft Wellenberg auf Wellenberg und in Q stellt sich ständig maximale
Helligkeit ein. Vergrößert man die Strecke TS_2 um eine viertel
Wellenlänge, so beträgt der Gangunterschied der beiden
Strahlen in Q gerade eine halbe Wellenlänge. Es trifft Wellenberg auf Wellental, die Felder löschen sich aus und in der Beobachtungsebene herrscht ständig Dunkelheit. Entfernt man
den Spiegel S_2 immer weiter, so wird in Q abwechselnd Helligkeit oder Dunkelheit zu beobachten sein. Wenn nun der
Gangunterschied der beiden Teilwellen größer ist als die Ko-
härenzzeit, so überlagern sich in Q zwei Wellen, die nicht
mehr in einer festen zeitlichen Beziehung zueinander stehen.
Je nachdem, wie gerade ihre zufällige Phasenlage ist, wird es
einmal hell sein, einen Augenblick später dunkel. Bei längerer
Beobachtungszeit wird sich eine mittlere Helligkeit einstellen.
Das ist im vorangehenden Fall grundlegend anders, wo der
Gangunterschied klein gegen die Kohärenzzeit war und die
Beobachtungsebene je nach Spiegelabstand permanent hell
oder dunkel war.

Mit dem Michelson-Interferometer lassen sich Gangunter-
schiede bis zu Kilometern einstellen, das sind Kohärenzzeiten

von einigen Mikrosekunden (10^{-6} s). Bei größeren Kohärenzzeiten muß man andere Verfahren anwenden. So kann man z. B. bei stabilisierten Lasern die Wellenzüge zweier Laser miteinander vergleichen und daraus auf Kohärenzzeiten oder Bandbreiten schließen.

5.2 Örtliche Kohärenz

Das vom Laser emittierte Wellenfeld hat einen gewissen Durchmesser D, der vom Durchmesser des aktiven Mediums oder anderer begrenzender Elemente im Laser-Oszillator abhängt. Im Idealfall geht von jedem Punkt dieses Wellenfeldes ein Sinuswellenzug aus. Zwischen zwei Punkten P_1, P_2 besteht eine feste Phasenbeziehung der Wellenzüge und führt bei Überlagerung zu einer stehenden Interferenzfigur, wie beim Youngschen Doppelspalt-Versuch (siehe Kap. 1). Man bezeichnet diese Eigenschaft als *örtliche Kohärenz*.

Bei einer Glühlampe sind P_1, P_2 zwei verschiedene Atome der Wendel. Diese emittieren spontan und unabhängig voneinander. Es besteht keine feste Phasenbeziehung und damit keine örtliche Kohärenz. Anders beim Laser. Im Idealfall ist das Licht über den gesamten Querschnitt örtlich kohärent. Dieser Unterschied macht sich im Öffnungswinkel der Strahlung bemerkbar. Der Öffnungswinkel θ von Laserstrahlung kann den minimalen Wert annehmen, der sich aus der Beugungstheorie ergibt

$$\theta = 4\lambda / \pi D$$

wobei λ die Wellenlänge und D der Durchmesser des Lichtbündels sind. Je kleiner der Durchmesser des Lichtbündels, um so größer seine Divergenz. Dieses gilt für den idealen Laser. Bei den meisten realen Lasern ist der Öffnungswinkel größer und bei normalen Lichtquellen sehr viel größer. Die letzteren emittieren das Licht in alle Raumrichtungen.

Ein geringer Öffnungswinkel ist für viele Anwendungen wünschenswert. Die Angabe des Öffnungswinkels ist jedoch nicht unbedingt sinnvoll. Der Öffnungswinkel kann z. B. durch

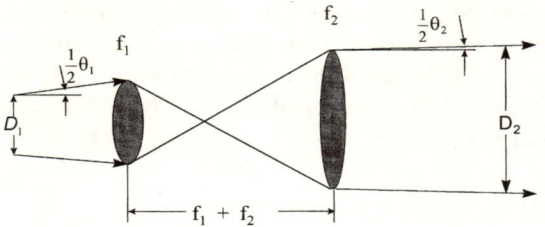

Abb. 28: Ein Teleskop verkleinert den Strahldurchmesser und vergrößert seinen Öffnungswinkel in gleichem Maße.

ein Teleskop verringert werden. Dabei vergrößert sich jedoch der Strahldurchmesser in gleichem Maße wie in Abb. 28 skizziert.

Es gibt jedoch eine Größe, die sich nicht verändert. Das ist der Öffnungswinkel θ, multipliziert mit dem Strahldurchmesser D. Dieses Produkt hängt nur von der Wellenlänge ab. Man kann deshalb schreiben:

$$\theta \cdot D = \frac{4\lambda}{\pi} \cdot \frac{1}{K}$$

K wird *Strahlkennzahl* genannt und kennzeichnet die örtliche Kohärenz einer Lichtquelle. Beim idealen Laser ist K gleich eins, bei allen realen Lichtquellen kleiner als eins. In Tab. 6 sind einige Zahlenwerte zusammengestellt.

Wird ein Laserstrahl durch eine geeignete Optik auf den Durchmesser D_f fokussiert, entsteht ein konvergierendes Bün-

Tab. 6: Zeitliche und örtliche Kohärenz einiger Lichtquellen.

Lichtquelle	zeitliche Kohärenz Kohärenzlänge l_{coh}	örtliche Kohärenz Strahlkennzahl K
Taschenlampe	0,5 µm	1/10 000
Hochleistungs-Festkörper-Laser	0,1 m	1/100
CO_2-Laser, 500 W	1 m	0,8
He-Ne-Laser	10 m	1
He-Ne-Laser, stabilisiert	300 000 km	1

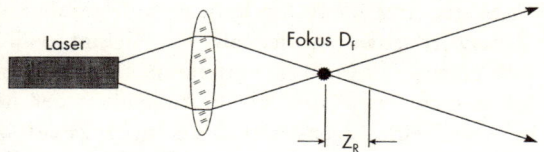

Abb. 29:
Die Fokus-
sierung von
Laserlicht.

del, wie es in Abb. 29 dargestellt ist. Ausgehend vom Fokus D_f vergrößert sich das Lichtbündel symmetrisch in beide Richtungen. Die Strecke, nach der sich die Querschnittsfläche des Bündels verdoppelt hat, wird *Schärfentiefe* oder *Rayleighlänge* Z_R genannt. Sie lautet:

$$Z_R = K \cdot \frac{\pi D_f^2}{4\lambda}$$

Schlechte Strahlqualität bedeutet eine kleine Strahlkennzahl K und damit geringe Schärfentiefe Z_R. Es ist leicht einzusehen, daß bei allen Anwendungen des Lasers, bei denen der Fokus genau positioniert werden muß, eine große Schärfentiefe wünschenswert ist, also ein K-Wert nahe eins.

5.3 Die Verteilung der Photonen

Es soll noch kurz der quantenmechanische Charakter des Laserlichts besprochen werden. Wo befinden sich die Photonen, und wie sind sie verteilt? Das überraschende Ergebnis: Beim Laserlicht gehorchen die Photonen einer Verteilung, die auch bei klassischen, unabhängigen Teilchen auftritt, der sogenannten *Poisson-Verteilung*. Ein einfaches Beispiel für diese Verteilung ist das folgende. Mit einer Tasse wird Wasser aus einem Bassin geschöpft. Wie viele Wassermoleküle befinden sich in der Tasse? Im Mittel sehr viele! Faßt die Tasse einen viertel Liter, so sind es etwa $8{,}3 \cdot 10^{24}$ Moleküle. Dieser Wert wird jedoch von Tasse zu Tasse geringfügig schwanken, gemäß der oben zitierten Poisson-Verteilung. In gleicher Weise sind die Photonen im idealen Laserlicht verteilt. Teilt man den Laserstrahl in Zeitintervalle von z.B. 1 ns (10^{-9} s) Dauer auf, so enthält ein roter Helium-Neon-Laserstrahl von 1 mW Leistung im Mittel etwa $3 \cdot 10^6$ Photonen pro Meßintervall. Um diesen Mittelwert schwankt die Zahl von Meßintervall zu Meßintervall, gemäß der Poisson-Verteilung. Diese Schwankungen beruhen nicht etwa auf der Ungenauigkeit der Messung, sondern sind eine Eigenschaft des Strahlungsfeldes. Selbst wenn die Meßapparatur perfekt und das Meßintervall exakt festgelegt sind, treten dieses Schwankungen auf. Die Photonen sind nicht genau gleich verteilt mit einem festen Abstand von Photon zu Photon, sondern sind mit einer gewissen Unschärfe behaftet. Sie sind jedoch sehr viel gleichmäßiger verteilt als die Photonen einer normalen (klassischen) Lichtquelle, wie die Gegenüberstellung in Tab. 7 zeigt.

Tab. 7: Gegenüberstellung der Eigenschaften von Laserlicht und dem Licht einer thermischen Lichtquelle.

	Laser	normale Lichtquelle
Wellenzug	nahezu unendlich ausgedehnter Sinuswellenzug	statistische Folge sehr kurzer Wellenzüge
Öffnungswinkel	sehr klein, gegeben durch die nicht vermeidbare Beugung	Abstrahlung in den gesamten Raum
Frequenzbreite	sehr gering	sehr groß
Photonen	gleichmäßig verteilt	Klumpenbildung
Kurze Pulse	periodisch, intensiv sehr kurz	statistisch schwach, sehr kurz

Die nicht streng gleichförmige Verteilung der Laserphotonen ist für meßtechnische Anwendungen nachteilig. Hier wünscht man sich Photonen, die in konstanten Abständen aufeinander folgen wie die Perlen einer Kette. Es ist prinzipiell möglich, derartiges Licht durch nichtlineare Elemente herzustellen. Es wird als *gequetschtes* (squeezed) *Licht* bezeichnet. Von seinem technischen Einsatz ist man jedoch noch weit entfernt.

5.4 Thermisches Licht – Laserlicht

Zum Abschluß noch einige prinzipielle Bemerkungen zum Unterschied zwischen thermischem Licht und Laserlicht.

Als *thermisches Licht* bezeichnet man die Temperaturstrahlung erhitzter schwarzer Körper. Die spektrale Emission gehorcht dem Planckschen Strahlungsgesetz, welches in Kapitel 1 (Abb. 6) beschrieben wurde. Die Sonne ist in etwa ein schwarzer Strahler. In den Labors der Physikalisch-Technischen Bundesanstalt gibt es aufwendige Strahler, die mit hoher Genauigkeit das Plancksche Strahlungsgesetz reproduzieren. Konventionelle Lichtquellen emittieren mehr oder weniger gut thermisches Licht. Die gesamte Lichtleistung eines solchen Strahlers steigt mit der Temperatur, und zwar mit deren vierter Potenz. Eine Verdopplung der Temperatur erhöht die Strahlungsleistung um den Faktor 16 – ein Gesetz, das von *J. Stefan* (1835–1893) und *L. Boltzmann* (1844–1906) abgeleitet wurde.

Nun kann die Strahlung schwarzer Körper durch geeignete Spektralfilter genauso schmalbandig gemacht werden wie die eines Lasers. Auch der geringe Öffnungswinkel kann durch Blenden und optische Systeme hergestellt werden. Das geht natürlich auf Kosten der Leistung. Aber durch genügend hohe Temperaturen des schwarzen Körpers kann man auch dieses ausgleichen, obwohl es technisch nicht leicht zu realisieren ist.

Wie unterscheidet sich also das Laserlicht vom gefilterten Licht eines schwarzen Strahlers hoher Temperatur? Offensichtlich nicht bezüglich zeitlicher und örtlicher Kohärenz. Andererseits haben wir gesehen, daß der Laser ein Nichtgleichgewichtssystem ist, der schwarze Strahler dagegen ein Gleichgewichtssystem. Wie macht sich nun dieser Unterschied bemerkbar? In der Photonenstatistik, wie bereits in Abb. 7 skizziert. Die Photonen eines schwarzen Strahlers gehorchen der Bose-Einstein-Statistik, die Photonen des Lasers der Poisson-Verteilung. Wenn also aus dem Weltall ein scharf gebündelter Lichtstrahl auf die Erde fällt, müssen wir die Statistik der Photonen messen, um zu entscheiden, ob die Lichtquelle ein schwarzer Strahler oder ein außergalaktischer Laser ist.

Falls die Astronomen eines Tages feststellen, daß die Erde von einem Laserstrahl aus dem Weltall getroffen wird, könnten sie daraus schließen, daß außerirdische Wesen mit uns Kontakt aufnehmen wollen? Nicht unbedingt, denn in den außergalaktischen Nebeln sind Inversionszustände denkbar, die zur Laseremission führen können. Intelligente außerirdische Lebewesen müßten demnach zusätzlich den Laserstrahl modulieren, also mit einer Nachricht versehen.

5.5 Ultrakurze Lichtimpulse

Als besonderes Merkmal der Laser wird deren schmalbandige Emission hervorgehoben, also die Fähigkeit, einen Sinuswellenzug nahezu konstanter Amplitude und Frequenz zu erzeugen. Man kann einen Laser aber auch dazu bringen, einen extrem kurzen Wellenzug zu liefern. Im bisher noch nicht realisierten Extremfall bestünde ein solcher Wellenzug aus nur einem Wellenberg, d.h., er wäre eine halbe Wellenlänge lang. In diesem Grenzfall kann man nicht mehr von einem Wellenzug reden, sondern es handelt sich um einen elektromagnetischen Puls. Der Sinuswellenzug repräsentiert *monochromatisches Licht*, der kurze Lichtpuls *polychromatisches*, d.h. vielfarbiges Licht. Man spricht auch vom „weißen Laser". Nicht jeder Laser ist für die Erzeugung kurzer Pulse geeignet. Nur solche, die einen hinreichend breitbandigen Laserübergang besitzen, können auch breitbandiges Licht, also kurze Pulse verstärken und erzeugen. Beide Lichtarten, der Sinuswellenzug hoher Frequenzkonstanz und der kurze Lichtpuls sind von weitreichender technischer Bedeutung. Deshalb soll auch die Erzeugung kurzer Pulse etwas eingehender erläutert werden.

Der gütegeschaltete Laser

Kehren wir noch einmal auf den Anregungsprozeß eines Lasers am Beispiel des Rubin-Lasers (Abschnitt 2.3) zurück. Durch die Anregungsleistung wird im oberen Laserniveau eine

Überbesetzung aufgebaut. Ist diese hinreichend groß, so setzt Selbsterregung ein, und durch die induzierte Emission wird die Überbesetzung auf den Gleichgewichtswert abgebaut. Höhere Anregungsleistung erhöht im Gleichgewicht nicht die Besetzung des oberen Niveaus, sondern erhöht die Ausgangsleistung. Das System funktioniert wie ein Wasserbecken mit einem Überlaufabfluß. Erhöhter Zufluß ändert nicht den Wasserspiegel im Becken, sondern erhöht nur den Abfluß. Was geschieht, wenn man den Überlaufabfluß verschließt? Dann steigt natürlich der Wasserspiegel. Genau das wird beim Laser gemacht.

Beim Laser-Oszillator, wie er vereinfacht in Abb. 15 skizziert ist, wird durch Abdecken eines Spiegels die Rückkopplung unterbrochen. Es kann sich keine stehende Welle aufbauen, und es kann keine induzierte Emission stattfinden. Die dem Medium zugeführte Anregungsleistung kann ungestört Atome in das obere Laserniveau befördern, ohne daß ein Abbau durch induzierte Emission erfolgt. Natürlich läßt sich die spontane Emission in den Grundzustand nicht verhindern; und diese setzt der Speicherung im oberen Niveau letztlich eine Grenze. Im stationären Zustand schafft die „Pumpe" soviel Atome nach E_2, wie durch spontane Emission nach E_1 zurückkehren (Abb. 12).

Es gelingt dadurch, eine beträchtliche Anzahl von Atomen und damit Energie in E_2 zu speichern. Ein hoher Verstärkungsfaktor für Licht entsteht. Gibt man nun die Rückkopplung frei, so werden die wenigen spontan emittierten Photonen, die zufällig senkrecht auf die Spiegel auftreffen, zwischen diesen hin- und herreflektiert und bei jedem Durchgang durch das aktive Medium kräftig verstärkt. Es entsteht eine Photonenlawine, die nach einigen zehn Resonatorumläufen die gesamte gespeicherte Anregungsenergie enthält. Der Laser liefert einen kurzen, sehr intensiven Lichtpuls. Pulsdauern von 10^{-8}–10^{-9} s werden erreicht und Spitzenleistungen bis zu 100 MW.

Da hierbei die Güte des optischen Resonators geändert wird, heißt diese Methode der Pulserzeugung *Güteschaltung* oder *Q-switching* (Q = quality = Güte). Dieser Schaltvorgang

	Pulsdauer τ_p [s]	Spitzenleistung [W]	Zahl der Pulse pro Sekunde
Güteschaltung periodische	10^{-9}–10^{-8}	10^7	1
Güteschaltung	10^{-6}–10^{-7}	10^6	10^3–10^4
Modenkopplung	10^{-10}–10^{-12}	10^9	10^8
Verkürzung durch nichtlineare Effekte	10^{-13}–10^{-14}		

kann periodisch wiederholt werden und führt dann zu einer Folge kurzer, intensiver Lichtpulse. Im zeitlichen Mittel kann natürlich aus dem Lasersystem nicht mehr Lichtleistung herauskommen als im kontinuierlichen Betrieb. Die Laserleistung ist im Strahl nur zeitlich umverteilt worden. Statt z.B. 1 kW kontinuierlicher Leistung liefert der gütegeschaltete Laser 10 000 Pulse in der Sekunde mit einer Energie von 100 mJ pro Puls bei 100 ns Dauer und 1 000 kW Spitzenleistung. Am Beispiel des Wasserbehälters entspricht die Güteschaltung einem Becken, welches man bis zum Rand füllt, um dann den Stöpsel zu ziehen. Für kurze Zeit entsteht ein kräftiger Wasserstrahl.

Für die Güteschaltung wird ein schneller Schalter benötigt, der in kurzer Zeit den Spiegel freigibt. Man kann hierfür mechanische Schalter einsetzen wie rotierende Lochscheiben oder Prismen. Besser geeignet sind optische Schalter. Zur Verwendung kommen elektrooptische Schalter, die bei Anlegen einer elektrischen Spannung ihre Transmission ändern oder auch Absorber, deren Absorption bei Bestrahlung mit Licht abnimmt (ausbleichbare Absorber). Diese Absorber werden durch das Laserlicht selbst geschaltet.

Der modengekoppelte Laser

Es ist möglich, durch einen geeigneten optischen Schalter noch weitaus kürzere Pulse als bei der Gütemodulation zu erzeugen. Dazu wird der Schalter periodisch geöffnet und geschlossen (Modulator). Der zeitliche Abstand zwischen zwei

Öffnungen wird so gewählt, daß der einmal erzeugte Puls nach einem Durchgang durch den Resonator gerade wieder auf den geöffneten Schalter trifft. Der Puls läuft also zwischen den beiden Spiegeln hin und her, wird durch das aktive Medium verstärkt und verliert einen Teil seiner Energie bei der Reflexion an dem teildurchlässigen Auskoppelspiegel. Der Laser liefert eine periodische Folge kurzer Pulse, ähnlich wie bei der periodischen Gütemodulation, nur mit dem Unterschied, daß die Pulse sehr schnell aufeinander folgen. Ihr zeitlicher Abstand ist gleich der Resonatorumlaufzeit, die typisch etwa 10^{-8} s beträgt. Der Laser liefert pro Sekunde bis zu 10^{8} Pulse. Die Pulsdauer hängt einmal von der Öffnungszeit des Schalters ab, zum anderen aber auch vom verstärkenden Medium. Nach der Fourier-Relation (siehe Kap. 1.3) entspricht einer Pulsdauer τ_p eine spektrale Breite des Strahlungsfeldes von $\Delta\nu_p \approx 1/\tau_p$. Der Puls besteht aus einer Vielzahl von Lichtwellen unterschiedlicher Frequenzen; je kürzer der Puls, um so mehr Frequenzen sind in ihm enthalten.

Nicht alle Frequenzen werden durch das aktive Medium gleich gut verstärkt. Das Lasermedium kann nur die Lichtfrequenzen verstärken, die innerhalb seiner Verstärkungsbandbreite $\Delta\nu_o$ liegen. Damit ist auch die minimale Pulsdauer gegeben, die etwa gleich dem Kehrwert der spektralen Breite des Laserüberganges ist. Aus diesem Grund verwendet man für die Erzeugung extrem kurzer Pulse möglichst breitbandige Laser wie z. B. den Titan-Saphir-Laser. Betrachten wir unter diesem Aspekt noch einmal die Glühlampe. Wie zu Beginn in Kapitel 1.2 diskutiert wurde, ist die Lichtemission der Glühlampe sehr breitbandig. Die spektrale Breite liegt bei einigen 10^{14} Hz, also sollte die Emission aus Pulsen mit einer Dauer von rund 10^{-14} s bestehen. Das ist tatsächlich der Fall, die Glühlampe liefert extrem kurze Wellenzüge. Aber die Folge dieser Wellenzüge sieht ganz anders aus als beim Laser. Wie bei allen spontanen Prozessen folgen diese Wellenzüge aufeinander statistisch in Abstand und Höhe, auch ist ihre Leistung extrem gering. Sie sind somit für meßtechnische Anwendungen nicht geeignet.

An diesem Beispiel erkennt man gut die Bedeutung der zeitlichen Kohärenz. Die Kohärenzzeit einer Glühlampe ist sehr kurz. Zwei aufeinanderfolgende Wellenzüge stehen in keiner festen Phasenbeziehung zueinander. Bringt man sie in einem Michelson-Interferometer zur Überlagerung, so können sie sich verstärken oder einander auslöschen. Es ist jedoch nicht vorhersagbar, was geschieht, und im zeitlichen Mittel ergibt sich keine stehende Interferenzfigur. Anders dagegen die Pulse eines Lasers. Diese stehen in einer festen Beziehung zueinander. Die Kohärenzzeit kann sehr groß sein, so daß auch noch Pulse, die sehr weit auseinander liegen, interferenzfähig sind. Damit sind sie hervorragend für meßtechnische Zwecke einsetzbar.

Abschließend noch eine Bemerkung zu dem hier verwendeten Begriff *Modenkopplung*. Dieser hat folgenden Ursprung: In einem Laser-Resonator sind nur stehende Wellen, auch *Moden* genannt, möglich, deren Resonanzfrequenz $\nu_{Resonanz}$ ein ganzes Vielfaches der Resonatorgrundfrequenz $\Omega = c_0/2L$ (c_0: Lichtgeschwindigkeit, L = Spiegelabstand) ist (siehe Abschnitt 3.1). Bei einem breitbandigen Laser kommen viele solcher stehenden Wellen gleichzeitig zur Selbsterregung. Bei der Modenkopplung sorgt nun der Schalter dafür, daß diese stehenden Wellen synchronisiert werden und sich zu dem kurzen Puls überlagern. Die Moden sind gekoppelt.

6. Laserlicht als Werkzeug

Laserlicht kann vielfältig als Werkzeug eingesetzt werden. Technisch am weitesten fortgeschritten ist die Materialbearbeitung. Materialbearbeitung mit Licht war auch schon vor dem Laser möglich. Das bekannteste Beispiel ist das Brennglas, das Sonnenlicht fokussiert. Die Intensität im Brennpunkt reicht aus, um Papier oder Holz zu bearbeiten.

Industriell wurde bereits seit langem Lampenlicht zum Löten eingesetzt. Die Anwendungsbereiche waren jedoch wegen der geringen Intensitäten stark eingeschränkt. Die hohen mittleren Leistungen der Laser (bis 50 kW) dagegen, die noch viel höheren Spitzenleistungen gepulster Laser-Systeme (bis 10^9 W) und die gute Fokussierbarkeit der Laserstrahlung, die Intensitäten bis zu 10^{16} W pro cm^2 möglich macht, eröffnen ganz neue Möglichkeiten.

Es gibt kein Material, welches durch intensive Laserbestrahlung nicht geschmolzen, verdampft und zerstört werden könnte. Das fängt an mit dem Schneiden von Stahl und endet bei der Laserkernfusion. Im folgenden soll an einigen Beispielen exemplarisch gezeigt werden, was mit Laserstrahlung alles möglich ist.

6.1 Materialbearbeitung

Materialbearbeitung mit Laserlicht ist heute ein industrielles Standardverfahren und hat in manchen Bereichen die konventionellen Methoden verdrängt. Das ist natürlich nur möglich, weil die Laserverfahren aus verschiedenen Gründen vorteilhafter sind. Sie sind
• präziser
• leichter automatisierbar
• und ermöglichen bessere Qualität sowie
• neue Fertigungsverfahren, die mit konventionellen Maschinen nicht möglich sind.

Man unterscheidet prinzipiell zwei Arten der Bearbeitung:
- Oberflächenveränderungen, wie z. B. Härten, Umlegieren, Auftragen von Schichten,
- Abtragen von Material, wie z. B. Schneiden, Bohren.

Im zweiten Fall werden höhere Intensitäten benötigt, da das Material geschmolzen und teilweise verdampft werden muß. Für Metalle muß die Intensität mindestens 10^8 W/cm^2 betragen. Das Schweißen von Metallen erfordert ein Schmelzen, jedoch kein Abtragen und liegt bezüglich der notwendigen Intensität zwischen den beiden Bearbeitungsarten. Für die Materialbearbeitung werden überwiegend CO_2-Gas-Laser und Nd-YAG-Festkörper-Laser eingesetzt. Wichtige Parameter sind Leistung und Strahlqualität (Kapitel 5), denn nur Laser hoher Strahlqualität lassen sich gut fokussieren. Die Ausgangsstrahlung des Lasers muß über optische Systeme an das Werkstück gebracht werden. Beim langwelligen CO_2-Laser sind es Linsen (aus Zinkselenid oder Germanium) und Metallspiegel (goldbeschichtetes Kupfer), beim Nd-YAG-Laser können die sehr flexiblen Quarzglasfasern (mit ca. 0,5 mm Durchmesser) verwendet werden. Das ist ein enormer Vorteil dieser Laser beim industriellen Einsatz.

Bohren. Die Herstellung feiner Bohrungen war eine der ersten Anwendungen der gepulsten Rubin-Laser, wird jedoch heute weitgehend mit Nd-YAG-Lasern durchgeführt. Alle Metalle, Keramiken oder auch Sintermaterialien lassen sich mit dem Laser bohren, wobei Lochdurchmesser bis in den μm-Bereich möglich sind. Man verwendet hierzu gepulste Laser. Je nach Lochtiefe werden ein oder mehrere Laserpulse benötigt. Bei kurzen Pulsen mit einer Dauer von Mikrosekunden oder darunter fließt wenig Energie als Wärme in die Lochumgebung. Die Innenwand wird thermisch kaum belastet und besitzt eine rißfreie, sehr saubere Oberfläche, die kaum oder gar nicht nachgearbeitet werden muß.

Der Laser ist zwar zunächst sehr viel aufwendiger und teurer als konventionelle Verfahren, wie z. B. das Bohren mit einem Spiralbohrer. Aber der Laser ist präziser, schneller, auto-

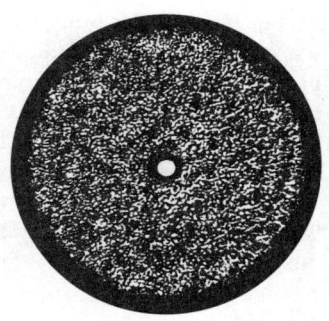

Abb. 30: Lasergebohrter Uhrenstein aus Rubin. Der Lochdurchmesser liegt bei 0,05 mm.

matisierbar und ermöglicht sehr feine und schlanke Bohrungen, auch in harte Materialien, was mit konventionellen Verfahren nicht immer möglich ist.

Einige Beispiele:

- *Lagersteine* für Uhren oder andere Meßgeräte. Lagersteine bestehen überwiegend aus dem sehr harten Korund (Rubin).
- *Ferritkerne* für kleine Spulen. Ferrite sind harte Sintermaterialien, die sich mit konventionellen Werkzeugen kaum bearbeiten lassen.
- Feine *Düsen* für die Herstellung von Kunststoff-Fasern.
- *Turbinschaufeln* müssen an den Schaufelenden mit sehr vielen Bohrungen ($\approx$ 0.1–0.5 mm $\varnothing$) zur Kühlung versehen werden.
- Der Luftwiderstand von *Flugzeugflügeln* kann durch das Anbringen vieler feiner Bohrungen vermindert werden. Diese Bohrungen verhindern die Entstehung der schädlichen Wirbel. Es werden bis zu einer Million Bohrungen pro Quadratmeter benötigt.
- *Einspritzdüsen* in Dieselmotoren und Brennkammern. Insbesondere letztere sind industriell kaum zu bearbeiten, da sie aus Metall-Keramik-Verbindungen bestehen.
- *Diamantziehsteine*. Feine Bohrungen in Diamanten können mit dem Laser hergestellt werden, aber es lassen sich auch Verunreinigungen im Innern des Steines beseitigen, was zur Wertsteigerung führt.

Die Dynamik des Bohrprozesses ist quantitativ schwer zu beschreiben. Zunächst wird das Material geschmolzen und dann bis in die Nähe der Verdampfungstemperatur erhitzt. Ein reines Verdampfen des Materials würde jedoch sehr viel Laserenergie erfordern. Tatsächlich erfolgt teilweise ein explosionsartiges Herausschleudern des flüssigen Materials durch den Rückstoß des abdampfenden Materials. Bei Löchern mit großen Durchmessern ist es günstiger, das Loch mit dem Laser auszuschneiden. Dieses Verfahren wird *Trepanning* genannt.

Schneiden. Ähnlich wie beim Bohren wird das Material geschmolzen und dann ausgetrieben. Das Austreiben erfolgt durch Gase unter hohem Druck. Durch Zufuhr von Sauerstoff kann man das Schneiden unterstützen. Der Sauerstoff bewirkt ein Verbrennen des Materials, erzeugt also zusätzliche Wärme (Brennschneiden). Alle Materialien lassen sich mit dem Laser schneiden, nicht immer ist jedoch das Laserschneiden den anderen Verfahren überlegen. Das Trennen kann auch durch sägen, schneiden oder stanzen erfolgen. Der Laser hat den großen Vorteil, daß er beliebige Konturen mit hoher Genauigkeit ausschneiden kann. Durch eine rechnergesteuerte Führung des Laserbearbeitungskopfes ist es möglich, sehr schnell beliebige Konturen einzustellen. Der Haupteinsatzbereich des Laserschneidens ist die Blechbearbeitung.

Schweißen. Beim Schweißen werden die zu verbindenden Materialien aufgeschmolzen, wobei möglichst wenig Material verdampfen soll. Auch darf keine Oxidation stattfinden, weshalb mit reaktionsträgen Schutzgasen geschweißt wird. Das Laserschweißen konkurriert mit dem sehr viel billigeren, gut erprobten Plasmaschweißen und dem Elektroschweißen. Es wird deshalb auch überwiegend dort verwendet, wo die konventionellen Verfahren schwerer einzusetzen sind. So ist es z. B. möglich, mit der flexiblen, fasergeführten Laserstrahlung komplizierte Innenschweißungen oder Schweißungen an dreidimensionalen Werkstücken durchzuführen, Anwendungen, die überwiegend in der Automobilindustrie benötigt werden. Nähte

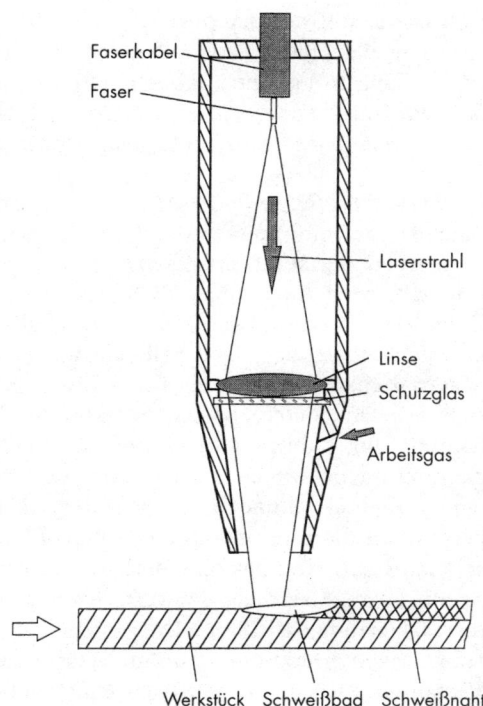

Abb. 31:
Schweißen mit
dem Laserstrahl.

Faserkabel
Faser
Laserstrahl
Linse
Schutzglas
Arbeitsgas
Werkstück   Schweißbad   Schweißnaht

an Stahl- oder Aluminiumteilen werden mit kontinuierlichen CO_2- und Nd-YAG-Lasern durchgeführt. Für Punktschweißungen dagegen werden überwiegend gepulste Nd-YAG-Laser verwendet. Einige Beispiele für Punktschweißungen sind

- Brillengestelle
- Zahnspangen
- Glühlampenwendeln
- Steuersysteme von Fernsehröhren
- Schmuckbearbeitung.

Diese Punktschweißungen wurden bisher überwiegend mit Kupferelektroden durchgeführt. Zwei Elektroden drücken die zu schweißenden Teile zusammen; durch einen kurzen, intensiven Stromstoß werden die Teile angeschmolzen und verbunden. Die Nachteile dieser Methode sind offensichtlich. Die Schweißung erfolgt unter äußerem Druck, was zur Verformung der Teile führt. Außerdem verzundern die Elektroden, wodurch die Schweißqualität starken Schwankungen unterworfen ist.

Härten – Oberflächenbearbeitung. Nach dem Bearbeiten eines Bauteils aus Stahl müssen die Bereiche, die einer starken mechanischen Belastung ausgesetzt sind, gehärtet werden. Das sind z. B. beim Auto die Aufnahmelager der Kurbelwelle, die Zylinderbuchsen und die Ventildeckel. Härten bedeutet eine Gefügeumwandlung. Oberhalb einer für das entsprechende Material charakteristischen Temperatur (bei Stahl ≈ 700° C) stellt sich eine andere, härtere Struktur ein. Wird das Material langsam abgekühlt, ergibt sich bei Normaltemperatur wieder die ursprüngliche, weichere Struktur. Bei schneller Abkühlung (einige zehntel Sekunden) bleibt jedoch auch bei Normaltemperatur die härtere Struktur erhalten. Diese Technologie ist seit Jahrhunderten bekannt und war vielleicht auch das Geheimnis von Siegfrieds Schwert. Jeder Dorfschmied kannte dieses Härtungsverfahren. Das geschmiedete Teil wurde bis zum Glühen erhitzt und dann im Wasser abgeschreckt. Dieses Verfahren wird auch industriell eingesetzt. Das zu härtende Teil wird allerdings nicht mehr im Kohlefeuer, sondern induktiv (eine Art Mikrowellenherd) aufgeheizt und dann, z. B. in Öl, abgeschreckt. Ein aufwendiges, Energie verbrauchendes und auch gefährliches Verfahren, denn das Öl kann Feuer fangen. Bei Teilen hoher Präzision, wie z. B. den Zylinderbuchsen eines Motors, sind die beim Härteprozeß auftretenden Verformungen nicht tolerierbar. Das Teil muß nachgearbeitet werden, was wegen der nun vorliegenden Härte nur durch Schleifen erfolgen kann.

Mit dem Laser wird das Material kurzzeitig auf die notwendige Temperatur gebracht, und zwar so kurzzeitig, daß nur die zu bearbeitende Stelle erwärmt wird und nur wenig Energie in die Umgebung diffundiert. Nach Abschalten des Lasers oder dem Positionieren des Lasers auf eine andere

Stelle kühlt sich das Material durch Wärmeleitung ab, seine Oberflächenhärte hat an dieser Stelle zugenommen. Mit dem Laser muß nicht, wie bei den konventionellen Verfahren, das gesamte Werkstück gehärtet werden, sondern es können gezielt die Bereiche gehärtet werden, die besonders beansprucht werden. So kann man z. B. an der Innenwand der Zylinderbuchsen von Verbrennungsmotoren Härtespuren setzen. Nokkenwellen und Zahnräder werden gezielt nur an den Stellen gehärtet, wo es die Belastung erfordert. Die derart gehärteten Teile müssen nicht nachgearbeitet werden.

Oberflächen können aber auch auf andere Weise verschleißfester gemacht werden. So kann z. B. mit dem Laser eine sehr harte Titanschicht aufgebracht werden, wobei Titan als Pulver auf die Oberfläche gestreut und dann verschmolzen wird.

Gravieren, Markieren, Trimmen, Ritzen. Für die leichte Strukturierung von Oberflächen genügen Laser geringer bis mittlerer Leistung (1–50 W), die aber gut fokussierbar sein müssen, d. h., die in Kapitel 5 diskutierte Strahlkennzahl K muß nahe eins liegen. Mit einem solchen Laser, der über elektrisch gesteuerte Drehspiegel (Galvospiegel) leicht und schnell abgelenkt wird, können Oberflächen graviert werden. Komplizierte Strukturen (Bilder, Schriftzeichen) werden über rechnergesteuerte Spiegel in die Oberfläche eingebrannt. Auf diese Weise kann man nicht nur individuelle Souvenirs anfertigen, sondern auch Bauteile einer Serienfertigung kennzeichnen.

Elektrische Widerstände oder die Schwingquarze, die z. B. beim Handy-Telefon die genaue Frequenz festlegen, werden auf die vorgegebenen Werte durch das Abtragen von Material getrimmt. Das Gravieren von Kupfer-Tiefdruckzylindern und das Ritzen von Keramik gehören auch in diesen Anwendungsbereich des Lasers.

Biegen mit Laserlicht. Erhitzt man eine dünne Blechplatte nicht gleichmäßig, sondern nur an einer begrenzten Stelle, so wird sich die Platte nur dort ausdehnen wollen, was jedoch durch die kältere Umgebung verhindert wird. Es kommt zu

mechanischen Spannungen, und die vorher ebene Platte ver-
biegt sich. Dabei treten plastische, also nicht reversible Verformungen auf. Auch nach der Abkühlung bleibt die Platte
deformiert. Wird diese Erwärmung gezielt durchgeführt, so
können der Platte beliebige Formen mit dem Laserlicht aufge-
zwungen werden. Man könnte auf diese Weise z. B. Autoka-
rosserien nach Wunsch herstellen und würde nicht die teuren
und aufwendigen Pressen benötigen. Dieses Biegen mit Laserlicht erfordert jedoch sehr homogene Materialien und viel Zeit,
um die für gezielte Verformungen notwendigen Lichtverteilun-
gen zu ermitteln. Eingesetzt wird das Laserbiegen in der Mi-
kroelektronik, um z. B. Kontaktfedern geeignet zu verformen.

6.2 Manipulation mit Laserlicht

Die elektrische und magnetische Feldstärke des Laserlichts
üben eine Kraft auf die Elektronen eines Mediums aus. Da
diese mehr oder weniger stark an die Atome gebunden sind,
wird auf das Medium letztlich ein Druck ausgeübt, bekannt
als *Licht- oder Strahlungsdruck*. Die Ablenkung eines Kome-
tenschweifs (von der Sonne weg) ist eine Folge des Licht-
drucks. Der Erdsatellit Vanguard I mit einem Durchmesser
von 16 cm ist durch den Lichtdruck in 28 Monaten um
1600 m aus seiner Bahn gedrängt worden. Im Photonenbild
ist dieser Lichtdruck sofort zu verstehen. Die Photonen, ein
mit Impuls behafteter Korpuskelstrom, fallen auf einen Spiegel, werden von diesem reflektiert und übertragen dabei den
Impuls. Der Spiegel erfährt eine Auslenkung. Ein überraschender Effekt, der zur Erklärung der Kometenschweif-
Ablenkung postuliert und von J. Maxwell quantitativ vorhergesagt wurde. Weil der Effekt sehr klein ist, konnte dieser erst
1899 von *P. N. Lebedew* (1866–1912) nachgewiesen werden.
Er verwendete einen drehbaren, im Vakuum aufgehängten
Spiegel und konnte so Maxwells Vorhersage bestätigen.
O. Frisch (1904–1979) benutzt 1937 den Lichtdruck für ein
Experiment, das damals wie eine Spielerei aussah, tatsächlich
aber in Zukunft technische Bedeutung erlangen könnte.

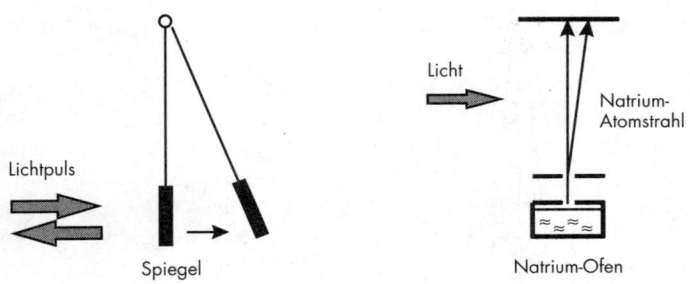

Abb. 32: Links: Wird Licht von einem Spiegel reflektiert, so erfolgt durch die Impulsübertragung eine Auslenkung des Spiegels. Rechts: Wird Licht von einem Atomstrahl absorbiert, wird der Atomstrahl versetzt.

In einem Ofen wird Natriumdampf erzeugt, der aus einer Düse in ein evakuiertes Gefäß ausströmt und einen Atomstrahl bildet. Senkrecht zum Atomstrahl fällt Licht einer Natrium-Dampf-Lampe ein, also gelb-rotes Licht der Wellenlänge $\lambda = 0,589$ µm, welches bevorzugt von Natrium-Atomen erzeugt und auch absorbiert wird. Die Natrium-Atome im Dampfstrahl, die ein solches Photon absorbieren, übernehmen auch dessen Impuls und werden ausgelenkt. Diese Ablenkung wurde von Frisch nachgewiesen. Auf diese Weise ist es möglich, aus einem Gemisch von Atomen eine Atomsorte durch Laserlicht entsprechend eingestellter Frequenz zu selektieren. Diese Möglichkeit der Trennung verschiedener Isotope wird aber technisch z. Z. nicht verfolgt, denn es gibt effektivere Methoden der Laser-Isotopentrennung (Abb. 32).

Man kann aber mit dem Lichtdruck nicht nur Atomstrahlen ablenken, sondern auch Atome und sogar makroskopische Teilchen einfangen. Experimente mit makroskopischen Teilchen wurden zuerst von *A. Ashkin* durchgeführt. Er konnte zeigen, daß ein Argon-Laserstrahl von nur 250 mW Leistung ein Glaskügelchen von 25 µm tragen kann, so wie ein Tischtennisball auf einer Wasserfontäne schwebt. Überraschenderweise ist die Lage des Glaskügelchens auf dem Laserstrahl stabil. Bei kleinen Auslenkungen aus der Mitte des Strahls

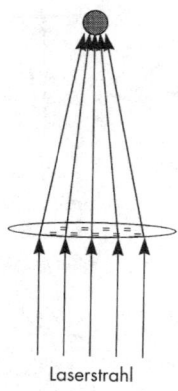

Abb. 33: Ein Kügelchen wird im Fokus eines Laserstrahles gehalten und kann mit diesem bewegt werden.

Laserstrahl

kehrt das Kügelchen stets in die Mitte zurück. Wird der Laserstrahl bewegt, so läuft das Teilchen mit. Der Strahl kann kleine Teilchen wie biologische Zellen festhalten, er wirkt wie eine feine Pinzette. Die Stärke dieser *Laser-Pinzette* hängt von den spektralen Eigenschaften des Teilchens ab, so daß sie auch selektiv eingesetzt werden kann (Abb. 33).

6.3 Kernfusion mit dem Laser

Am spektakulärsten, aber auch am weitesten von einer Realisierung entfernt, ist die Energieerzeugung durch lasergesteuerte Kernfusion. In den USA, Rußland, Japan und seit kurzem auch wieder in Frankreich werden Forschungsprogramme mit Kosten in Milliardenhöhe durchgeführt, um die Machbarkeit der Kernfusion nachzuweisen. Die Idee hierzu stammt aus den dreißiger Jahren. Nachdem durch die Arbeiten von *N. Bohr* (1885–1962), *H. A. Bethe* (geb.1906) und *C. F. v. Weizsäcker* (geb. 1912) der Aufbau der Atomkerne geklärt worden war, nachdem man wußte, woher die von der Sonne abgestrahlte Lichtleistung stammt, wurde auch überlegt, wie man diese auf Kernreaktionen beruhende Energiequelle auf der Erde realisieren könne.

In der Sonne laufen zahlreiche Kernverschmelzungsvorgänge ab. Kerne niedriger Ordnungszahl verschmelzen zu Kernen höherer Ordnungszahl, wobei Energie frei wird. Ein solcher Prozeß ist die Fusion von Wasserstoff (H), Deuterium (D) und Tritium (T) zu Helium (He) und anderen Elementen. Deuterium ist schwerer als Wasserstoff, d. h., sein Kern enthält außer dem positiven Proton noch ein zusätzliches Neutron, ist also etwa doppelt so schwer wie normaler Wasserstoff. Der Tritiumkern enthält noch ein weiteres Neutron, ist also etwa dreimal schwerer als normaler Wasserstoff. Deuterium ist zu einem geringen Bruchteil im normalen Wasserstoff enthalten und kann durch Isotopentrennverfahren gewonnen werden, Tritium wird in Kernspaltungsreaktoren gewonnen. Die D,T-Reaktion kann man wie eine chemische Reaktionsgleichung formulieren:

$$D + T = He + n + 2.7 \cdot 10^{-12} \text{ Ws}.$$

Bei der Reaktion entsteht Helium, dessen Kern aus zwei Protonen und zwei Neutronen besteht. Ein Neutron mit hoher kinetischer Energie wird freigesetzt, von der Reaktorwand aufgefangen und erwärmt diese. Die Wärme kann dann genutzt werden. Insgesamt beträgt die bei dieser Reaktion freiwerdende „Verbrennungsenergie" $2.7 \cdot 10^{-12}$ Ws. Das ist wenig im Vergleich zu den kWh, die wir im täglichen Leben umsetzen. Man muß aber beachten, daß ein Gramm Deuterium etwa $3 \cdot 10^{23}$ dieser Atome enthält, somit bei der Umsetzung von einem Gramm die Energie von nahezu $8 \cdot 10^{11}$ Ws oder 200000 kWh frei wird. Das entspricht dem mittleren Jahresverbrauch von vierzig Haushalten.

Die kontrollierte Kernfusion könnte deshalb die Energieprobleme auf der Erde langfristig lösen und hätte zudem den Vorteil, daß Fusionsreaktoren ungefährlicher sind als die derzeitigen Kernspaltungsanlagen. Auch der radioaktive Abfall wird, aus heutiger Sicht, geringer sein. Neben der oben erwähnten D,T-Reaktion gibt es noch weitere Reaktionen wie z. B. die Verschmelzung von normalem Wasserstoff (H, H), von dem beliebig viel zur Verfügung steht. Die D,T-Reaktion ist jedoch am einfachsten zu realisieren, weil die Zündtemperatur am niedrigsten ist.

Damit eine dieser Kernreaktionen in Gang kommt, muß jedoch zunächst Energie aufgewendet werden. Jeder Verbrennungsvorgang bedarf einer Initialenergie. Erst wenn eine bestimmte Temperatur erreicht ist, erhält sich die Verbrennung eigenständig. Das gleiche gilt für die Kernfusion. Der Wasserstoff muß eine bestimmte Zeit auf einer sehr hohen Temperatur gehalten werden, damit die Energie liefernde Fusion einsetzt. Es ist zwar in verschiedensten Anordnungen gelungen, Kernverschmelzungsprozesse zu realisieren, aber bisher mußte stets sehr viel mehr Energie dazu aufgewendet werden, als die Fusion anschließend lieferte.

Ein Weg zur kontrollierten Fusion ist der lasergesteuerte Prozeß. Ein kleines Kügelchen aus Deuteriumeis wird von vielen Seiten gleichzeitig mit kurzen, sehr energiereichen Laserpulsen beschossen. Dabei wird das Eis aufgeheizt. Wenn die Laserpulse hinreichend kurz sind, etwa 10^{-9} s, wird die Fusionstemperatur erreicht, bevor das heiße und ionisierte Deuterium explodiert. Man nennt dieses Verfahren *Trägheitseinschluß*. Wegen der hohen Energie sind sehr aufwendige Laser und Laserverstärker-Ketten erforderlich. Außerdem hat sich gezeigt, daß grünes Laserlicht effektiver ist als infrarotes. Durch große nichtlineare Kristalle wird das infrarote Licht der Neodym-Festkörper-Laser in grünes transformiert (siehe Kapitel 9). Jedoch ist es bisher nicht gelungen, hieraus mehr Energie zu gewinnen, als hineingesteckt wird. Es ist deshalb fraglich, ob es je zu einer wirtschaftlichen Energieerzeugung kommen wird.

Trotzdem wird intensiv an diesem Problem gearbeitet. Zum einen gibt es hierbei eine Reihe interessanter physikalischer Probleme, die es wert sind, näher untersucht zu werden. Zum anderen liefern die unterkritischen Fusionsexperimente energiereiche Neutronen und ermöglichen die Simulation von Kernspaltungswaffen. Auf diese Weise werden wenigstens die bisherigen Kernwaffentests überflüssig.

6.4 Lasermedizin

Der Einsatz des Lasers in der Medizin reicht von der Diagnostik bis zur Therapie, von Placeboeffekten bis zur bewährten Routineanwendung. Im Gegensatz zur Lasermaterialbearbeitung, bei der die Ergebnisse stets objektiv nachprüfbar und wiederholbar sind, gibt es bei den medizinischen Applikationen eine Grauzone mit stark subjektiver Bewertung des Nutzens. Im folgenden sollen deshalb nur die wichtigsten etablierten Anwendungen vorgestellt werden. Diese können grob in zwei Klassen geteilt werden:

- Veränderung von Gewebe, was in seiner technischen Anforderung mehr oder weniger einer speziellen Materialbearbeitung entspricht.
- Diagnostik durch Nachweis bestimmter Veränderungen im Gewebe.

Gewebeveränderung

Die Bestrahlung von lebendem Gewebe mit Laserlicht führt je nach Intensität und Absorption zu Erwärmung, Dehydrierung, Zerstörung des Eiweiß (Koagulierung), Gewebezerstörung durch explosionsartiges Verdampfen des Gewebewassers und auch zum Verkohlen. Da Gewebe zu einem hohen Anteil aus Wasser besteht, ist die Absorption von Laserlicht durch Wasser die entscheidende Größe. Der Neodym-YAG-Laser mit einer Wellenlänge von 1 µm wird nicht sehr stark absorbiert und dringt relativ tief in das Gewebe ein. Das führt zu einer Volumenerwärmung. Der Excimer-Laser im blauen Spektralbereich dringt wenig ein und wird deshalb nur mit der Oberfläche wechselwirken. Im tieferen Infrarot zwischen 1,5 µm und 3 µm steigt die Absorption dagegen wieder stark an. Die Höhe der Absorption hängt auch von der Gewebeart ab. Knochen und Zähne absorbieren anders als Blut und Hautoberflächen. Durch die geeignete Wahl von Intensität und Wellenlänge kann der gewünschte Wechselwirkungsprozeß an das spezielle Gewebe angepaßt werden. Besonders vorteilhaft ist die Möglichkeit der Faserführung vieler Laserstrahlen. Dann kann auf eine aufwendige Operation verzichtet werden, da der Laserstrahl durch die natürlichen Körperöffnungen an das zu behandelnde Organ geführt werden kann.

Netzhautkoagulation. Die Netzhaut des Auges kann sich aus verschiedenen Gründen ablösen, was zur Erblindung führt. Um das Fortschreiten einer beginnenden Ablösung zu verhindern, wird mit einem kurzen Laserpuls eine Verbrennung auf der Netzhaut hervorgerufen. Die dann folgende Vernarbung „verschweißt" die Netzhaut. Es ist jedoch nicht möglich, damit die bereits abgelösten und nicht mehr funktionsfähigen Teile der Netzhaut zu regenerieren.

Korrektur der Hornhaut-Krümmung. Fehlsichtigkeit ist die Folge einer nicht mehr anpassungsfähigen Augenlinse. Die Gesamtbrechkraft des Auges wird durch die Augenlinse und die Krümmung der Hornhaut bestimmt, wobei die Brechung an der gekrümmten Hornhaut den größten Beitrag liefert. Das entspannte Auge besitzt eine Brennweite von etwa 1,7 cm, womit ein weit entfernter Gegenstand scharf auf der Netzhaut abgebildet wird. Befindet sich ein Gegenstand im Abstand der deutlichen Sehweite von 25 cm, so wird die Augenlinse durch Muskelkraft verspannt. Die Brennweite beträgt dann 1,59 cm, also ein nur geringer Unterschied zum entspannten Auge. Bei Kurzsichtigkeit ist die Brennweite des entspannten Auges zu gering, und weit entfernte Gegenstände können nicht scharf erkannt werden. Zur Korrektur muß eine Brille mit Zerstreuungslinsen benutzt werden, um die Brennweite zu vergrößern. Bei sehr starker Kurzsichtigkeit müssen entsprechend starke Brillengläser getragen werden, die schwer sind und das Gesichtsfeld stark einengen. Bei extremer Fehlsichtigkeit wird deshalb versucht, die Brechung der Hornhaut zu verändern. Das kann durch feine, radiale Schnitte in der Hornhaut außerhalb des Gesichtsfeldes oder auch durch eine Abflachung der Hornhaut erreicht werden. Der Laser kann in beiden Fällen eingesetzt werden, bevorzugt der Excimer-Laser.

Photodisruption. Nach einer Star-Operation bildet sich häufig hinter der Augenlinse ein dünnes, undurchsichtiges

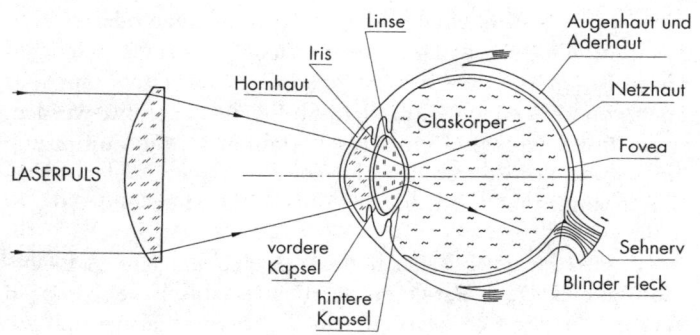

Abb. 34: Operationen am Auge mit dem Laserstrahl.

Häutchen. Dieses kann durch einen Laserstrahl, der durch die Linse hindurch auf das Häutchen fokussiert wird, beseitigt werden. Da der Laserstrahl anschließend stark divergiert (siehe Abb. 34), wird die dahinterliegende Netzhaut nicht beschädigt. Eine schnelle und schmerzlose Operation, ungleich angenehmer als das konventionelle Verfahren, bei dem das Häutchen durch seitliches Einführen einer Nadel in den Augapfel zerstört wird.

Zahnbehandlung. Die Entfernung kariöser Zahnsubstanz mit dem Laser wird heute bereits in der Praxis durchgeführt. Als zweckmäßig hat sich der im Infraroten emittierende Erbium-Laser erwiesen. Mit dem Laser läßt sich sehr präzise und steril arbeiten, und das den Patienten belastende Bohrgeräusch entfällt. Ob der Laserbohrer den konventionellen Bohrer ersetzen kann, ist noch nicht hinreichend geklärt.

Gefäßrekanalisation. Verstopfte Adern können mit Laserstrahlung wieder freigelegt werden. Dazu wird die Strahlung über eine Glasfaser durch die Adern an die zu reinigende Stelle geführt. Am Ende der Faser befindet sich eine Metallspitze oder ein Saphir, die erwärmt werden und das Blutgefäß „freibrennen".

Steinzertrümmerung. Blasen- oder Gallensteine werden entweder operativ entfernt oder zertrümmert. Hierbei wird über ein Endoskop eine mechanische Greifzange oder ein Laserstrahl eingeführt. Der energiereiche Laserpuls reicht in vielen Fällen aus, den Stein zu zerstören. Alternativ kann aber auch von außen eine Ultraschall-Stoßwelle zugeführt werden, was ein billigeres und sanfteres Verfahren als die Einführung eines Endoskops durch den Harnleiter darstellt. Welches Verfahren eingesetzt wird, hängt von Größe, Lage und Art des Steins ab.

Tumortherapie. Hierbei handelt es sich um eine Art Chemotherapie. Dem Patienten werden chemische Substanzen verabreicht, die sich bevorzugt in Tumoren ablagern und zunächst harmlos sind. Bei der Bestrahlung mit Licht einer sehr genau definierten Wellenlänge werden diese Substanzen aktiviert und zerstören den Tumor. Hier wird also nicht die hohe Intensität des Lasers benötigt, sondern seine Monochromasie.

Weitere Einsatzgebiete. Operationen im Ohr und im Hals- und Rachenraum, Stillung von Magenblutungen, Beseitigung von Tumoren, Schneiden von Knochen und das Entfernen von Tätowierungen oder angeborenen Malen können mit dem Laser durchgeführt werden. Die anfänglich hohen Erwartungen im Bereich der Chirurgie haben sich allerdings bisher nicht erfüllt. Die Ärzte bevorzugen immer noch das Skalpell, vielleicht, weil es sich einfühlsamer führen läßt.

Umstritten sind die Biostimulation, d. h. zum Beispiel die Beschleunigung von Heilprozessen durch sanfte Bestrahlung mit Laserlicht, oder auch die Beseitigung von Falten durch den He-Ne-Laser. Wirksam ist dagegen die Faltenbeseitigung mit dem etwas kräftigeren CO_2-Laser, der die Hautoberfläche und das Kollagen nachweisbar verändert. Die Falten verschwinden zwar nicht völlig, werden aber sichtbar verringert.

Diagnostik

Auf eine weitere Anwendung des Lasers in der Medizin wird in Abschnitt 7.2 eingegangen: die schnelle Bestimmung der Durchflußgeschwindigkeit des Blutes aus der Frequenzverschiebung des am Blut gestreuten Laserlichts.

Eine andere zukunftsträchtige Anwendung ist die Rheumafrüherkennung. Hierzu werden z. B. die Fingergelenke mit einem Infrarot-Laser durchleuchtet. Erste Ansätze einer krankhaften Veränderung des Knorpelgewebes lassen sich so erkennen und ermöglichen eine frühzeitige Therapie.

Auch in der Blutgruppenbestimmung kann der Laser eingesetzt werden. Bisher verlangte sie eine leichte Verletzung der Fingerkuppe mit einer Nadel. Alternativ kann ein Infrarot-Laserpuls auf die Fingerkuppe fokussiert werden, der ebenfalls zu einer Verletzung und Blutung führt, jedoch ein absolut steriles Verfahren ist. Auch zur Zählung der Blutkörperchen eignet sich der Laser.

Ein noch in der Entwicklung befindliches Verfahren ist die optische Tomographie. Dabei wird der Körper lokal mit einem sehr kurzen Laserpuls bestrahlt und das reflektierte Streulicht detektiert. Durch zeitaufgelöste Messungen (oder Kohärenzmessungen) kann die Tiefenstruktur des Gewebes ermittelt werden. Dazu wird der Körper über einen großen Bereich mit den Pulsen abgetastet und ein dreidimensionales Bild mit einem aufwendigen Rechenprogramm rekonstruiert. Ein ähnliches Verfahren wird bereits mit Röntgenstrahlen durchgeführt. Die Laser-Tomographie hat den Vorteil geringerer Strahlenbelastung.

7. Messen mit Laserlicht

7.1 Entfernungsmessungen

Jedermann ist mit Entfernungsmessungen vertraut. Kleine Längen bis zu einigen Metern werden mit dem Zollstock oder Bandmaß bestimmt, wobei Genauigkeiten von einigen Millimetern erreicht werden. Für geringere Längen bis herunter zu einigen Mikrometern verwendet man Schublehren und Meßuhren. Längen, die kleiner als einige Mikrometer sind, lassen sich mechanisch nicht mehr bestimmen, hier müssen interferometrische Verfahren oder mechanisch-optische Methoden wie das Kraftmikroskop eingesetzt werden. Große Entfernungen werden über Winkelbestimmungen ermittelt, wozu man stets eine genau vermessene Basis benötigt. Die Entfernungen zu Mond, Sonne und Planeten werden über den Erddurchmesser als Basis bestimmt. Bei sehr großen, galaktischen Entfernungen verwendet man den Durchmesser der Erdbahn als Basis. Keine Entfernungsmessung kann genauer sein als die Länge der Basis.

Eine völlig andere Methode ist das Echolot-Verfahren, angewendet zur Ermittlung von Wassertiefen und auch zum Ausmessen von Gebäuden. Dabei wird die Laufzeit eines akustischen Impulses, eines Knalls, zum Ziel und zurück ermittelt. Aus der bekannten Schallgeschwindigkeit in Wasser oder Luft kann dann die Entfernung berechnet werden. Das gleiche Prinzip wird benutzt, um den Abstand eines Gewitterblitzes abzuschätzen. Der Beobachter zählt die Sekunden, die zwischen Blitzeinschlag und Donner verstreichen. Der Schall legt unter Normalbedingungen in Luft 330 m pro sec zurück, damit verglichen ist die Laufzeit der Lichterscheinung des Blitzes unendlich schnell. Die Zahl der Sekunden, geteilt durch drei, liefert die Entfernung in Kilometern.

Der Laser kann sowohl zur Bestimmung geringster Längen als auch sehr großer Distanzen von 10^{-15} m bis zu 10^9 m eingesetzt werden.

Der optische Resonator besteht im einfachsten Fall aus zwei planparallelen Spiegeln mit einem hohen Reflexionsgrad R, wie es in Abb. 16 dargestellt ist. Resonanz tritt auf, wenn der Abstand der beiden Spiegel ein ganzes Vielfaches der halben Wellenlänge beträgt. Dann baut sich zwischen den beiden Spiegeln eine stehende Welle auf. Im stationären Zustand und bei Resonanz ist die Transmission eines solchen Systems, vorausgesetzt, es treten keine Verluste durch Streuung oder Absorption auf, gleich eins. Die von links einfallende Leistung P_{ein} ist genauso groß wie die rechts austretende P_{aus}, auch dann, wenn der Reflexionsgrad beider Spiegel sehr hoch ist. Das ist zunächst erstaunlich. Bei einem Reflexionsgrad von R = 99 % würde man erwarten, daß von der einfallenden Leistung 99 % reflektiert werden und nur 1 % in den Resonator eintritt. Davon würde dann ein entsprechend verringerter Anteil den Resonator verlassen. Das ist auch richtig, aber nur im ersten Moment des Einschaltens. Das eine Prozent Lichtleistung im Resonator läuft zwischen den beiden hochreflektierenden Spiegeln hin und her, ohne merklich geschwächt zu werden, zusätzlich wird Licht von außen eingestrahlt. So baut sich im Resonator nach einiger Zeit eine sehr hohe Leistung auf, so hoch, daß trotz der geringen Transmission des rechten Spiegels letztlich genau soviel aus dem Resonator austritt, wie links eingestrahlt wird. Alle diese Überlegungen gelten nur für den Resonanzfall. Ändert man den Spiegelabstand L oder die Wellenlänge λ der einfallenden Strahlung, nimmt die Transmission schnell ab. Es gibt eine einfache Faustformel. Die noch gut nachweisbare Längenänderung $\Delta L_{1/2}$, die eine Abnahme der Transmission auf 50 % bewirkt, ergibt sich zu

$$\Delta L_{1/2} = \lambda \, (1 - R)$$

wobei λ die Wellenlänge des Lichts und R der Reflexionsgrad des Spiegels sind. Ein Reflexionsgrad von nahezu 100 % (R $\cong$ 1) führt zu sehr geringen nachweisbaren Längenänderungen. Ein hoher Reflexionsgrad bedeutet jedoch auch, daß

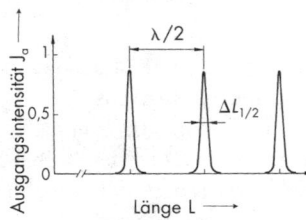

Abb. 35: Ausgangsintensität
eines Fabry-Perot-Interferometers
bei Änderung der Länge.

man lange warten muß, bis der optische Resonator mit Licht
gefüllt ist, sich also der stationäre Zustand eingestellt hat.

Dieser optische Resonator, zuerst von *A. Fabry* und *Ch.
Perot* (1897) entwickelt, kann in vielfältiger Weise für meßtechnische Anwendungen eingesetzt werden. Wegen der Re-
sonanzbedingung

$$p \cdot \lambda_{Resonanz}/2 = L \quad p = 1,2,3, \ldots$$

kann man entweder Wellenlängen λ oder Spiegelabstände L
bestimmen (Abb. 35).

Durch kleine Verschiebungen eines Spiegels um ΔL bei fester, eingestrahlter Wellenlänge wird das System verstimmt,
und seine Transmission nimmt ab. Auf diese Weise kann man
Längenänderungen bestimmen, die bei 10^{-13} m liegen, geringer als der Durchmesser eines Atoms von 10^{-10} m. Ändert
man den Druck des Gases im Interferometer, so ändert sich
auch die Wellenlänge, und die Transmission nimmt periodisch
zu und ab, woraus man die Brechzahl des Gases ermitteln
kann.

Es wird sogar versucht, Gravitationswellen mit diesem Interferometer nachzuweisen. Explodiert irgendwo im All eine
Supernova, so wird eine Gravitationswelle ausgesendet, die
sich mit Lichtgeschwindigkeit ausbreitet und das Interferometer verstimmt, also zu einer Transmissionsänderung führt. Bei
den heutigen Interferometern reicht jedoch die Empfindlich-
keit noch nicht aus, um diese Änderung nachzuweisen.

Echolot mit Licht

Geeignete Laser, insbesondere Festkörper-Laser, können im Q-switch- oder Mode-locking-Betrieb Lichtpulse von 10^{-8} s bis herunter zu 10^{-12} s Dauer erzeugen. Mißt man die Zeit, die ein solcher Lichtpuls zum Ziel und zurück benötigt, so kann bei bekannter Lichtgeschwindigkeit die Entfernung berechnet werden. Auf diese Weise ist es möglich, die Abstände Erde – Satelliten oder Erde – Mond sehr genau zu bestimmen. Der vom Laser abgehende Lichtpuls löst einen schnellen elektronischen Zähler aus, der in der Lage ist, die Zeit in Schritten von weniger als 10^{-9} s zu messen. Der reflektierte Lichtimpuls stoppt diesen Zähler, und man kann die Zeitdifferenz ablesen. Natürlich wird nur ein Bruchteil der Laserpuls-Energie zurückkommen, und Pulse hoher Energie (einige 10 Ws, die etwa 10^{21} Photonen entsprechen) sind erforderlich. Außerdem muß der Öffnungswinkel des abgehenden Laserstrahles durch ein Teleskop verringert werden, wie in Abb. 28 skizziert. Das wenige zurückkehrende Licht muß mit einem Teleskop großer Öffnung eingefangen werden, um wenigstens einige hundert Photonen als Signal zu erhalten. Zusätzlich wird das Ziel mit reflektierenden Prismen, wie beim Fahrrad-Rückstrahler, ausgerüstet. Auf dem Mond wurde ein solches Raster von Prismen aufgestellt, Satelliten sind ebenfalls mit ihnen versehen.

Damit kann man die Entfernungen Erde – Mond und auch Erde – Satellit auf Zentimeter genau vermessen. Die Grenze der Meßgenauigkeit ist durch die Kenntnis der Lichtgeschwindigkeit in der Atmosphäre gegeben. Zwar ist jetzt die Vakuumlichtgeschwindigkeit als Basisgröße definiert und damit fehlerfrei, d.h., der Fehler liegt bei der Genauigkeit der Zeitmessung. Das eigentliche Problem ist jedoch die Ausbreitungsgeschwindigkeit des Lichts in der Atmosphäre, die von Druck, Temperatur und Feuchtigkeit abhängt. Man führt deshalb diese Messungen mit zwei verschiedenen Wellenlängen durch und kann damit in gewissen Grenzen den Einfluß der Atmosphäre korrigieren.

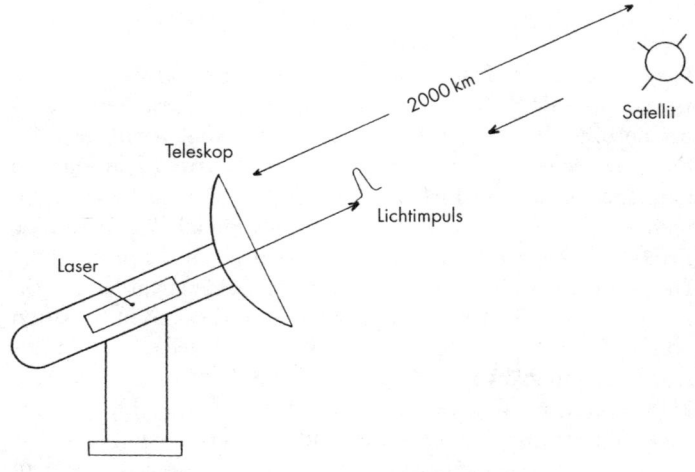

Abb. 36: Satelliten-Distanzmessung mit dem Laser.

Was bringt nun die hohe Genauigkeit? Von Interesse ist nicht die genaue, absolute Entfernung Erde – Mond, sondern Veränderungen des Abstandes, hervorgerufen durch Unregelmäßigkeiten der Mondbahn, Bewegungen der Mondoberfläche oder auch der Erdoberfläche. Mißt man den Abstand eines Satelliten von verschiedenen Erdstationen, so kann daraus dessen Bahn rekonstruiert werden. Wäre die Erde eine homogen mit Masse gefüllte Kugel, so sollte die Bahn des Satelliten nach den Newtonschen Gesetzen eine perfekte Ellipse oder ein Kreis sein, abhängig von den Abschußbedingungen. Abweichungen von der idealen Bahn ergeben sich aus der speziellen Relativitätstheorie, sie sind jedoch minimal. Stärker machen sich Inhomogenitäten der Erdanziehung bemerkbar, verursacht durch eine ungleichförmige Massenverteilung. Wird die Entfernung eines Satelliten von zwei Meßstationen gleichzeitig bestimmt und mißt man außerdem die Winkelposition des Satelliten, so kann daraus der Abstand der Stationen mit Zentimetergenauigkeit errechnet werden. Aus Langzeitbeobachtungen ergeben sich die Veränderungen dieses

Abstandes und ermöglichen, die Kontinentaldrift zu messen, die bei einigen Zentimetern pro Jahr liegt (Abb. 36).

Es gibt aber auch sehr erdgebundene Anwendungen. Ein Beispiel ist der Theodolit zur Vermessung von Grundstücken und Bauwerken. Auch hier wird der Laser eingesetzt, wobei nicht kurze Pulse verwendet werden, sondern moduliertes Laserlicht. Der Endpunkt der zu vermessenden Strecke wird mit einem Retroreflektor ausgerüstet. Damit sind Entfernungen bis zu etwa 1 000 m präzise bestimmbar.

7.2 Geschwindigkeitsmessungen

Eine Schallquelle, die sich auf den Beobachter zu bewegt, erzeugt scheinbar einen höheren Ton als eine ruhende; eine sich vom Beobachter entfernende Quelle liefert einen tieferen Ton. Ein bekanntes Beispiel ist die an uns vorbeifahrende und dabei pfeifende Lokomotive. Dieses Phänomen gilt auch für Lichtquellen. Die Emissionslinien eines Sternes, der sich von der Erde entfernt, verschieben sich zum Roten, die eines auf uns zufliegenden Sternes zum Blauen. Dieser Effekt ist nach seinem Entdecker *C. J. Doppler* (1803–1853) benannt. Er wird benutzt, um die relative Geschwindigkeit der Sterne bezüglich der Erde zu bestimmen. Die Frequenzverschiebung Δv ist proportional der relativen Geschwindigkeit v/c_0 und beträgt maximal:

$$\Delta v = v_0 \cdot \frac{v}{c_0}$$

wobei v_0 die Frequenz der ruhenden Lichtquelle, v deren Geschwindigkeit und c_0 die Lichtgeschwindigkeit sind. Die Geschwindigkeit irdischer Objekte ist, gemessen an der Lichtgeschwindigkeit, sehr gering. Betrachten wir als Beispiel ein mit 100 km/h fahrendes Auto. Der Geschwindigkeitsquotient ergibt sich zu $v/c_0 \approx 10^{-7}$. Die auftretende Frequenzverschiebung ist zu gering, als daß man sie als Farbänderung des Scheinwerferlichts beobachten könnte. Sie ist auch an einer normalen Lichtquelle nicht nachweisbar, da deren natürliche

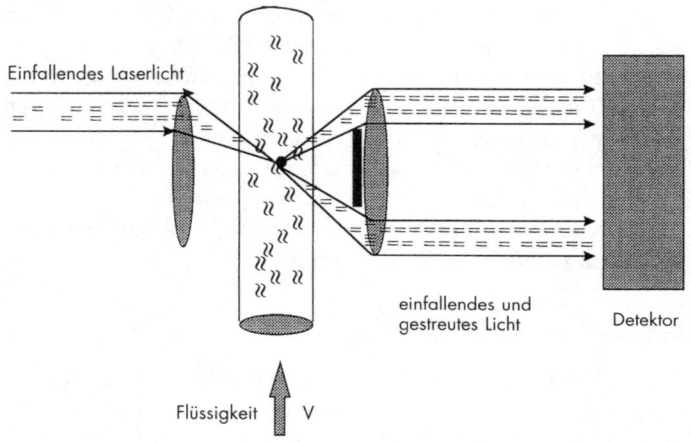

Einfallendes Laserlicht

Flüssigkeit V

einfallendes und
gestreutes Licht

Detektor

Abb. 37: Messung der Strömungsgeschwindigkeit unter Ausnutzung des Doppler-Effekts.

spektrale Breite viel größer ist als die geringe Verschiebung durch den Doppler-Effekt. Mit dem Laser und dessen hoher spektraler Reinheit ist der Doppler-Effekt jedoch meßbar. Er wird unter Benutzung von Mikrowellen (Radar), die ähnliche Eigenschaften wie Laserstrahlen besitzen, täglich bei Geschwindigkeitskontrollen eingesetzt.

Beim Laser-Doppler-Radar ersetzt man die Mikrowellen durch Laser, was den Vorteil höherer Ortsauflösung bringt. Laserstrahlen können besser gebündelt werden als Mikrowellenstrahlen. Es gibt auch interessante Anwendungen in der Strömungstechnik. Strömungen und Strömungsprofile lassen sich mit dem Laser-Doppler-Effekt bestimmen. Ein Beispiel hierfür ist die Strömungsgeschwindigkeit des Blutes, die auf diese Weise einfach und präzise gemessen werden kann.

7.3 Der Laserkreisel

1913 unternahm G. *Sagnac* (1869–1928) einen interessanten Versuch. Er untersuchte die Auswirkung einer Drehbewegung auf eine Lichtquelle.

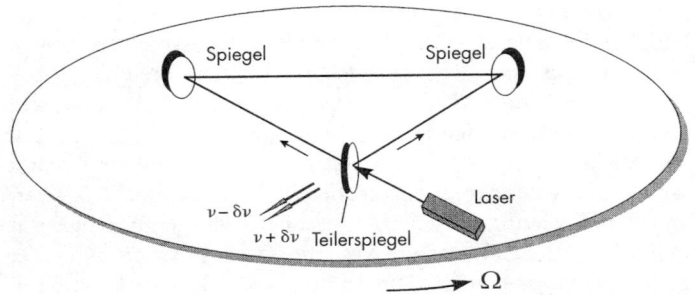

Abb. 38: Prinzipieller Aufbau zum Nachweis des Sagnac-Effekts.

Hierzu setzte er eine Lichtquelle mit einer Spiegelanordnung (siehe Abb. 38) auf einen Teller von etwa 50 cm Durchmesser, der sich mit einer Winkelgeschwindigkeit (Ω) von zwei Umdrehungen pro Sekunde drehte. Durch einen Teilerspiegel wurde der Lichtstrahl in einen links- und einen rechtsumlaufenden Strahl aufgespalten. Der Vergleich der Frequenzen der beiden Strahlen ergab eine geringe Frequenzverschiebung $\delta\nu$, die proportional der Drehfrequenz und der von den Lichtstrahlen eingeschlossenen Fläche ist. Man kann also aus der Frequenzverschiebung des Lichts auf die Drehfrequenz schließen. Damals war dieser nach Sagnac benannte Effekt von Interesse für die Relativitätstheorie und schloß sich an ähnliche Versuche von *A. A. Michelson* (1852–1931) an. Heute wird der Sagnac-Effekt für technische Anwendungen eingesetzt. Später gelang es Michelson mit einer verbesserten Anordnung, die Erdrotation von einer Umdrehung pro 24 Stunden, d.h. von $1{,}3 \cdot 10^{-5}$ Umdrehungen pro sec nachzuweisen. Die geringe Drehzahl wurde durch eine entsprechend große Fläche von $600 \cdot 340$ m^2 kompensiert. Wird die konventionelle Lichtquelle durch den sehr viel schmalbandigeren Laser ersetzt, so kann die Nachweisgrenze um viele Größenordnungen gesteigert werden. Die umschlossene Fläche kann dadurch vergrößert werden, daß das Laserlicht in eine lange, aufgerollte Glasfaser eingekoppelt wird. Letztlich kann man dann zum Ringresonator übergehen, d.h., es wird ein aktives Medium in die Ringleitung gesetzt und man erhält auf diese Weise einen Ringlaser mit zwei gegenläufigen Wellen. Die Frequenzunterschiede der beiden Wellen lassen sich anschaulich verstehen. Für die eine umlaufende Welle bewegen sich die Spiegel auf die Welle zu, der Resonator ist scheinbar kürzer und damit wird die Resonanzfrequenz größer (siehe Abschnitt 3.2.), entsprechend verringert sich die Frequenz der entgegengesetzt laufenden Welle. Derartige Systeme werde *Laserkreisel* oder *Lasergyroskope* genannt, in Analogie zum Kreisel bzw. Kreiselkompaß, der es ebenfalls ermöglicht, Drehungen nachzuweisen. Die heutigen Lasergyroskope sind kompakt, zuverlässig und werden in der Navigation eingesetzt. Es lassen sich Rotationen von weniger als $1/100^0$ pro Stunde oder 10^{-8} Umdrehungen pro Sekunde nachweisen.

7.4 Interferometrie

Das nahezu sinusförmige Laserstrahlungsfeld stellt einen sehr feinen Maßstab, mit einer Skala im Submikrometerbereich, dar und ist damit ein ideales Instrument, um z.B. optische Komponenten mit einer Genauigkeit von 1/10 bis 1/100 µm zu vermessen. Ein einfaches Beispiel ist in Abb. 39 skizziert. Ein Laserlichtbündel wird durch eine entspiegelte Linse fokussiert und erzeugt auf dem Beobachtungsschirm eine mehr oder weniger gleichmäßige Helligkeitsverteilung ohne eine ausgeprägte Struktur. Wenn jedoch Vorder- und Rückseite der Linse nicht entspiegelt sind, so wird ein Teil des Lichtbündels an diesen Flächen zweimal reflektiert und überlagert sich mit der direkt durchgehenden Welle auf dem Schirm. Wegen der großen zeitlichen und örtlichen Kohärenz entsteht eine Interferenzfigur. Je nach Weglänge der Strahlen erfolgt eine Intensitätsüberhöhung oder -abschwächung. Es entsteht eine für das optische Element charakteristische Struktur, hier ein konzentrisches Ringsystem, aus dem die Linseneigenschaften ermittelt werden können. Auf diese Weise ist es auch möglich, optische Inhomogenitäten und Schlieren sichtbar zu machen.

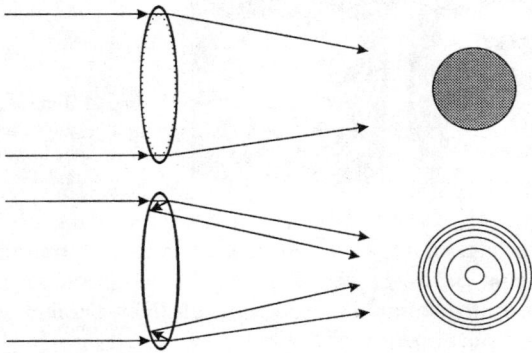

Abb. 39: Oben: Der durch die entspiegelte Linse hindurchgehende Lichtstrahl erzeugt auf dem Schirm einen Fleck gleichmäßiger Helligkeit. Unten:
Ist die Linse nicht entspiegelt, so tritt durch zweimalige Reflexion an den
Glasoberflächen ein zweites Lichtbündel auf. Dieses überlagert sich mit
dem ersten zu einer Interferenzfigur, in diesem Fall konzentrische Kreise.

Ein hierfür häufig verwendetes Instrument ist das Jamin-
Interferometer in Abb. 40. Der Laserstrahl wird mittels teil-
durchlässiger Spiegel zunächst in zwei Strahlen aufgespalten
und dann wieder zusammengeführt. Da beide Strahlen insgesamt den gleichen Weg zurückgelegt haben, wird es auf dem

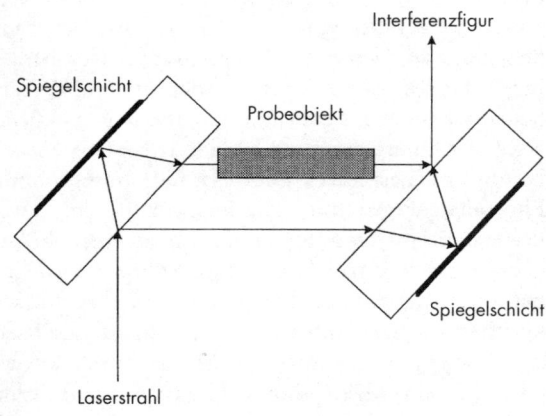

Abb. 40: Das
Interferometer
nach Jamin.

Abb. 41: Interferogramm
eines guten (links) und
eines sehr inhomogenen
(rechts) Laserkristalls.

Beobachtungsschirm stets hell sein. Befindet sich nun in einem
Strahl eine Störung, die zu einer Weglängenänderung des
Strahles führt, kann diese Störung als Hell-Dunkel-Struktur
auf dem Schirm beobachtet werden.

Ein Beispiel zeigt Abb. 41. In einen Interferometerarm wird
ein planparalleler Laserkristall eingesetzt. Wäre der Kristall
ideal homogen, so würde auf dem Schirm wieder gleichmäßige Helligkeit zu beobachten sein. Es treten jedoch Störungen
der optischen Weglänge auf, die zur Hell-Dunkel-Struktur
führen. Hieraus kann man auf die Störungen zurückrechnen.

7.5 Spektroskopie, Analytik und Umwelttechnik

Jede Atom- und Molekülsorte besitzt eine charakteristische
Elektronenanordnung, die sich im Energieniveau-Schema
(Term-Schema) widerspiegelt. Ein einfaches Beispiel wurde in
Abschnitt 2.1 (Abb. 10) vorgestellt. Diese oft sehr komplexen
Schemata sind eine Art Fingerabdruck des Moleküls und ermöglichen seine eindeutige Identifizierung. Ist das Term-
Schema bekannt, kennt man auch das Molekül. Zur Ausmes-
sung des Energieniveaus ist der Laser wegen seiner Schmal-
bandigkeit besonders gut geeignet. Immer dann, wenn die
Photonenenergie mit der Energiedifferenz zweier Niveaus
übereinstimmt, wird ein Elektron in einen höheren Zustand
gehoben. Die dazu notwendige Energie wird dem Laserlicht
entnommen, das Laserlicht infolgedessen geschwächt. Bei
kontinuierlicher Änderung der Frequenz des Lasers kann das
Term-Schema mit hoher Auflösung abgetastet werden. Es ergibt sich ein Absorptionsspektrum, welches charakteristisch

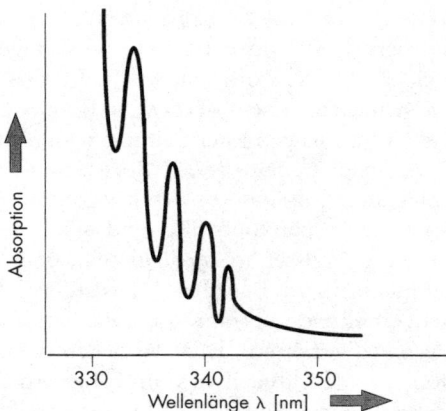

Abb. 42: Das
Absorptionsspektrum
von Ozon (O_3).

für die Molekülsorte ist. Ein Beispiel für ein Absorptionsspektrum zeigt Abb. 42. Die Spektroskopie ist ein sehr nützliches Werkzeug mit einer Vielzahl wissenschaftlicher und technischer Anwendungen.

Strukturanalyse. Die Spektroskopie liefert sehr präzise die Lage der Energieniveaus. Daraus kann mit den Methoden der Quantenmechanik auf die Struktur der Atome und Moleküle zurückgeschlossen werden, ebenso auf die Elektronenbahnen, die Symmetrie der Moleküle, die gegenseitige Beeinflussung der Bahnen untereinander und der Bahnen mit den Atomkernen. Die Spektroskopie liefert die genauesten Aussagen über den Aufbau der Materie und ist die erfolgreichste Meßmethode zur Überprüfung der theoretischen Aussagen der Quantenmechanik und der Quantenelektrodynamik. Die Absorptionsspektroskopie ist nur eines der vielen spektroskopischen Verfahren.

Analytik. Ist das Absorptionsspektrum eines Moleküls bekannt, ist es leicht, diese Moleküle in geringster Konzentration in Flüssigkeiten oder Gasen nachzuweisen. Es wird z. B. von einer verunreinigten Flüssigkeit das Absorptionsspektrum aufgenommen. Aus Lage und Höhe der Absorptionsmaxima kann so auf Art und Konzentration der Moleküle geschlossen werden. Eine Konzentration von weniger als 10^{-9} von Stickoxiden, Kohlenstoffmonoxiden, Methan und Schwefeldioxid kann nachgewiesen werden. In Trinkwasser können weniger als 10^{-9} g Blei pro Liter Leitungswasser ermittelt werden.

Atmosphärenkontrolle. Zur zeitnahen Überwachung der Schadstoffemission von Kraftwagen und Fabrikanlagen, aber auch zur Ozonkontrolle, sind schnelle Detektionsverfahren nötig. Sie müssen in der Lage sein, über große Distanzen Moleküle nachzuweisen. Hierfür wurde in den letzten Jahren ein sehr effektives Verfahren entwickelt, das LIDAR, ein Laser-Fernmeßverfahren. LIDAR bedeutet *Light Detection And Ranging* (Lichtnachweis und Entfernungsbestimmung). Bei diesem Verfahren wird ein kurzer Laserpuls über ein Teleskop in die Atmosphäre gesendet. Ein Teil des Lichts wird gestreut und von dem gleichen Teleskop, das den Puls ausgesandt hat, wieder eingesammelt. Trifft der Puls auf eine Wolke oder eine Ansammlung von Molekülen (Aerosolen), so erhöht sich die rückgestreute Intensität. Aus der Zeitdifferenz von Pulsstart und zurückgestreutem Puls kann man auf die Entfernung der Wolke zurückrechnen. Die Intensität des Rückstreulichts liefert Aussagen über die Konzentration der streuenden Moleküle. Zum Nachweis eines bestimmten Schadstoffmoleküls wird der Laser auf eine Resonanzfrequenz des Moleküls abgestimmt. Die dadurch erhöhte Absorption macht sich in der rückgestreuten Intensität bemerkbar. Dazu wird jedoch ein Referenzsignal benötigt, d.h. ein Laserpuls einer anderen Wellenlänge, der zwar auch gestreut, aber nicht absorbiert wird. Aus Vergleichsmessungen können dann Schadstoffart, Konzentration und Entfernung ermittelt werden.

Diese LIDAR-Systeme werden weltweit eingesetzt, speziell zur Kontrolle der verkehrsbedingten Schadstoffemissionen in Großstädten, aber auch zur Überwachung der Ozon-Konzentration in der hohen Atmosphäre (20–30 km Höhe).

8. Licht und Information

Die Wahrnehmung unserer Umwelt erfolgt weitgehend mit den Augen. Das Licht vermittelt uns Farben, Strukturen, Entfernungen und Bewegungen. Die Fülle dieser Informationen ist möglich, da das Auge nach Wellenlänge (Farbe), Intensität (Helligkeit) und Einfallsrichtung des Lichts differenzieren kann. Außerdem können zeitliche Abläufe mit einer Auflösung von etwa 1/10 sec wahrgenommen werden. Nur hierin wird das Auge von den technischen Geräten überflügelt, welche im sichtbaren Spektralbereich Zeitauflösungen von etwa 10^{-10}s erreichen. In allen anderen Bereichen ist das menschliche Lichtverarbeitungssystem jedoch unübertroffen, insbesondere auch bezüglich der Bildverarbeitung. Wieviel Information kann nun mit Licht übertragen werden? Das hängt davon ab, wie die Nachricht kodiert wird, und soll im folgenden an einigen Beispielen diskutiert werden.

8.1 Nachrichtenübertragung

Daß sich Licht zur Nachrichtenübertragung eignet, ist trivial. Beispiele sind die Rauchzeichen der Indianer und der Spiegeltelegraph (beim Militär um die Jahrhundertwende insbesondere im sonnenreichen Afrika eingesetzt). Diese Arten der Nachrichtenübertragung sind langsam. Es können nur ein bis zwei Zeichen pro Sekunde übertragen werden.

Ein aktuelles Beispiel ist die Nachrichtenübertragung durch UKW. Die Trägerfrequenz dieser elektromagnetischen Wellen liegt bei 100 MHz. Die Information, z. B. eine Musikübertragung, wird dadurch aufmoduliert, daß man der Amplitude, Phase oder Frequenz der Trägerwelle die Schallfrequenz aufprägt.

Eine musikalische Darbietung wird eine Fülle verschiedener Frequenzen enthalten, beginnend mit sehr tiefen Tönen von ca. 10 Hz bis zu sehr hohen von 20 kHz und mehr. Begnügen wir uns mit 20 kHz = 0,02 MHz, ausreichend für das Hörvermögen der meisten Menschen. Die Frequenz der elektromagnetischen Welle wird dann bei der Modulation maximal um diesen Wert verändert. Es treten jetzt neben den 100 MHz auch die neuen Frequenzen 100 ± 0,02 MHz auf. Das ursprünglich monofrequente Signal ist breitbandiger geworden. Dann muß natürlich dafür gesorgt werden, daß Sender und Empfänger auch diese neuen Frequenzen verarbeiten können. Man erkennt, daß die zulässige Bandbreite des Gesamtsystems die maximal mögliche Frequenz bestimmt, die übertragen werden kann.

Kehren wir nun zum Laser zurück. Die Lichtfrequenz, d.h. die Trägerfrequenz der elektromagnetischen Welle, beträgt einige 10^{14} Hz, die Bandbreite, abhängig vom speziellen System, 10^{11}–10^{13} Hz. Somit steht eine enorme Bandbreite, gemessen an den für Sprache und Fernsehen benötigten Werten, zur Verfügung. Technisch werden diese Möglichkeiten bisher nicht genutzt.

Ein konkretes Beispiel ist die Laserdiode. Sie kann bis in den GHz-Bereich (10^9 Hz) moduliert werden, d.h, man prägt die zu übertragende Frequenz dem Anregungsstrom auf, der sie dann dem emittierten Licht mitgibt. Direkt an die Emissionszone mit einigen µm Abmessungen wird eine Glasfaser gleichen Kerndurchmessers angeschlossen. Das Licht kann in dieser verlustarmen Faser bis zu 100 km übertragen werden. Für größere Entfernungen müssen dann nach 50 bis 100 km Lichtverstärker, wiederum Laserdioden, eingesetzt werden. Die Übertragungskapazität dieser Systeme ist beachtlich. Für eine Sprechverbindung benötigt man wegen der geringen Qualitätsanforderungen eine Bandbreite von maximal 10 kKz. Bei einer Modulationsbandbreite von 1 GHz können gleichzeitig 100 000 Telefongespräche übertragen werden, was z.Z. nicht genutzt wird. Der technische Aufwand, so viele Telefonkanäle auf ein Glasfaserkabel zu schalten, so daß sich die Gespräche nicht gegenseitig stören, ist sehr hoch (Abb. 43).

Die hohen Übertragungsraten sind dort von Bedeutung, wo viel Information in kurzer Zeit übertragen werden soll, also z.B. bei der Bildübertragung oder der Kopplung von Computern. Hier wird die digitale Kodierung verwendet. Die Nachricht wird in einer Pulsfolge verschlüsselt und die maximale Übertragungsrate wird durch die Pulsbreite bestimmt. Je kürzer die Pulse, desto mehr lassen sich pro Sekunde übertragen. Mit dem Laser ist es möglich, Pico- und Femtosekunden (10^{-12} bis 10^{-15} s) zu erzeugen, was entsprechend hohe Pulsraten erlaubt. Hier setzen jedoch die Materialeigenschaften des Glases zunächst eine Grenze. Wie in Abschnitt 1.3 erläutert wurde, besteht ein kurzer Puls aus einem breiten Spektrum von Wellen verschiedener Frequenzen. Die Brechzahl des Glases hängt von der Frequenz ab, *Dispersion* genannt. Licht verschiedener Frequenzen breitet sich unterschiedlich schnell in einem Medium aus. Eine Folge davon ist z.B. die Zerlegung weißen Lichts durch ein Prisma in die Spektralfarben. Bei der Ausbreitung sehr kurzer Pulse in der Glasfaser führt die Dispersion zu einer Pulsverbreiterung, da die roten Anteile des Lichts schneller laufen als die blauen. Die Femtosekunden-Pulse laufen ineinander und die kodierte Nachricht wird beeinträchtigt oder geht verloren.

Die freie Übertragung, also nicht durch Fasern geführt, ist ebenfalls möglich, wofür Gaslaser oder diodengepumpte Festkörper-Laser verwendet werden. Solche Systeme werden im Weltall für die Informationsübertragung von Satellit zu Satellit eingesetzt.

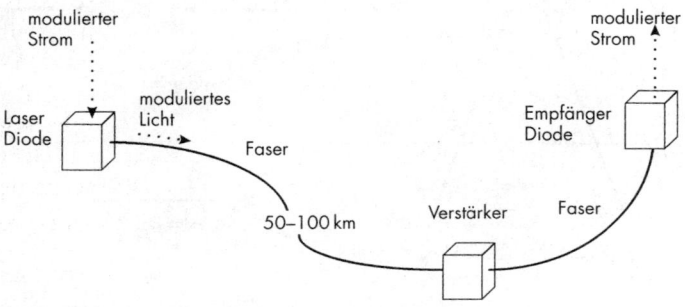

Abb. 43: Nachrichtenübertragung mit Fasern und Dioden.

8.2 Datenspeicherung

Laserlicht im sichtbaren Spektralbereich läßt sich mit einer entsprechend guten Optik auf einen Fleck von weniger als 1µm fokussieren. Damit erreicht man auch bei bescheidenen Ausgangsleistungen im Fokus sehr hohe Intensitäten, die ausreichen, das Material zu verändern. Es können z. B. Löcher von 1µm Durchmesser in dünne auf Plexiglas aufgebrachte Schichten gebrannt werden. Auf diese Weise kann Information gespeichert werden, da die Sequenz „Loch-kein Loch" der digitalen Kodierung 0–1 entspricht. Die derart gespeicherte Information kann mit einem gleichen, aber schwächeren Laser beliebig oft abgefragt werden, ohne daß das Speichermedium darunter leidet. Beachtlich ist die Speicherdichte, es können nahezu 10^8 Löcher auf einen Quadratzentimeter untergebracht werden.

Die Daten werden einem Argon-Laser als digitale Information aufmoduliert. Dieser belichtet eine Photolackplatte mit der entsprechenden Sequenz, wie in Abb. 44 skizziert. Der Argon-Laser mit seiner grünen Wellenlänge kann auf ca. 0,5 µm

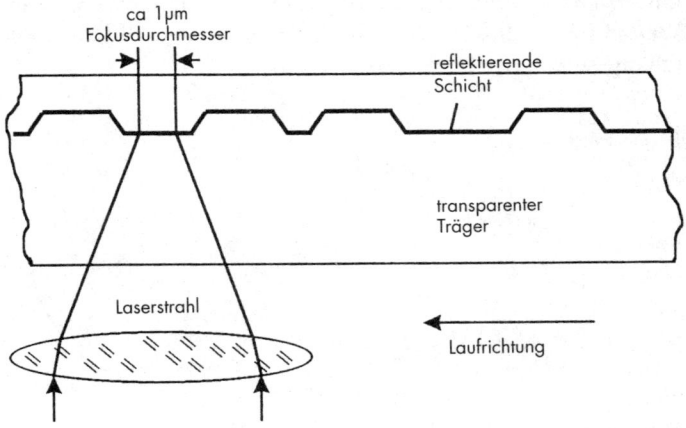

Abb. 44: Ausschnitt aus der Struktur einer Compact Disk.

fokussiert werden. Dieses grüne Licht härtet den Photolack. Mit einem Lösungsmittel wird dann der Lack bis auf die gehärteten Stellen abgelöst. Anschließend erfolgt eine Beschichtung mit Aluminium. Die digitale Information 0–1 ist nun auf der Platte als glatte Oberfläche oder als hervorstehender kleiner Hügel gespeichert. Zur Wiedergabe tastet ein präzise geführter Dioden-Laser die Platte ab, und ein Photodetektor registriert das reflektierte Licht. An der glatten Oberfläche wird das Licht gut reflektiert, an den Hügeln gestreut. Das reflektierte Licht flackert somit im Takt der Struktur und wird durch einen Lichtdetektor wieder in die gewünschte Information umgesetzt.

8.3 Dreidimensionale Bilder-Holographie

Warum können unscharfe Bilder nicht korrigiert werden, warum haben wir Probleme, mit nur einem Auge Entfernungen zu schätzen? Zwei sehr unterschiedliche Fragen, aber eine Antwort. Sowohl die Kamera als auch das Auge sind nicht in der Lage, die Amplituden der elektromagnetischen Felder zu registrieren. In beiden Fällen wird die Intensität wahrgenommen, d. h. der zeitliche Mittelwert des Feldstärkequadrates. Ein wesentlicher Teil der Information, die in der Lichtwelle enthalten ist, die Phase, geht verloren. Als Phase bezeichnet man die relative zeitliche Lage von Wellenzügen, die von verschiedenen Punkten eines Objekts ausgehen. Nun ist es möglich, diese Phase sichtbar zu machen, und zwar durch Interferenz. Wird eine Lichtwelle (Referenzwelle) mit der von einem Punkt des Objekts ausgehenden Lichtwelle (Objektwelle) überlagert, so entstehen Maxima der Intensität dort, wo der Wellenberg der Referenzwelle auf den Wellenberg der Objektwelle trifft. Wenn ein Wellenberg auf ein Wellental trifft, ist die Intensität null oder minimal. Die Phasenlagen der Objektwelle werden in eine Schwarz-Weiß-Struktur umgesetzt, die die Amplituden der Welle sichtbar macht. Im Abschnitt Interferometrie (Abschnitt 7.4) wurde bereits die Bedeutung der Interferenz am Beispiel einer Linse erläutert. Trifft auf

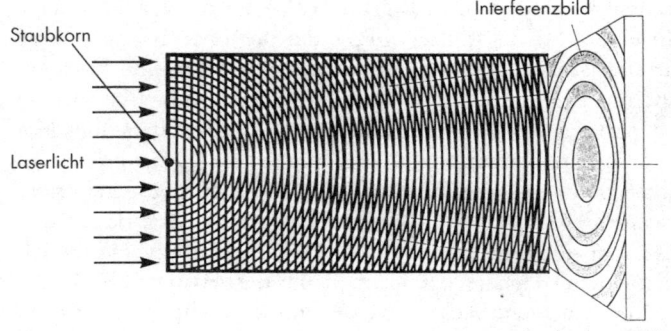

Abb. 45: Das Hologramm eines Staubkörnchens.

dem Beobachtungsschirm nur eine Lichtwelle ein, so entsteht ein runder Fleck gleichmäßiger Intensität, der wenig Rückschlüsse auf die Linse zuläßt. Mit der zusätzlichen Referenzwelle entsteht eine Interferenzstruktur, aus der die Eigenschaften der Linse, wie z.B. die Krümmung der Glaskalotte, errechnet werden können. Dieses Interferenzverfahren soll am Beispiel des Hologramms eines Staubkörnchens nochmals verdeutlicht werden. Dieses wird mit dem Laser beleuchtet und streut einen Teil des Lichts in Form einer Kugelwelle. Diese Kugelwelle überlagert sich mit der ursprünglichen, ebenen Laserlichtwelle und erzeugt auf einem Beobachtungsschirm ein Ringsystem (Abb. 45), aus welchem die Lage des Staubkörnches berechnet werden kann.

Aber die Interferenzstruktur bietet mehr Möglichkeiten. Dazu wird das Ringsystem mit einem hochauflösenden Film aufgenommen. Das Schwarz-Weiß-Muster des Negativs wird dann mit der Referenzwelle beleuchtet. Die Beugung dieser Welle am Ringsystem führt zu einem Lichtbündel, welches scheinbar von der nicht mehr vorhandenen Punktquelle zu kommen scheint. Ein Beobachter hinter dem Hologramm kann nicht unterscheiden, ob die Punktquelle echt oder virtuell ist. Durch die Beugung der Referenzwelle an der Inter-

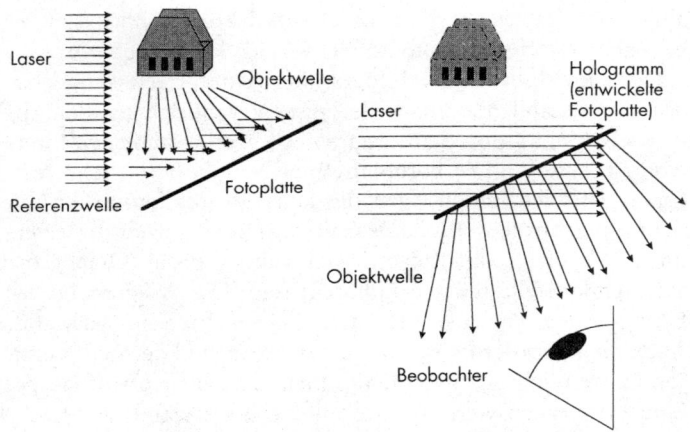

Abb. 46: Aufnahme (links) und Rekonstruktion (rechts) eines Hologramms.

ferenzstruktur ist die ursprüngliche Kugelwelle rekonstruiert worden. Man nennt die Interferenzstruktur das Hologramm des Objekts (vollständige Aufzeichnung), weil die vom Objekt ausgehende Welle vollständig aufgezeichnet wird, sowohl deren *Intensität* als auch deren *Phase*.

Bei einem ausgedehnten Objekt geht von jedem Punkt bei Beleuchtung mit einer kohärenten Lichtwelle eine Kugelwelle aus. Alle diese Kugelwellen liefern zusammen mit der Referenzwelle eine verwirrende Interferenzstruktur, die aus der Überlagerung sehr vieler Ringsysteme besteht. Wird nun dieses Hologramm erneut mit der Referenzwelle beleuchtet, so beobachtet man hinter dem Hologramm wiederum die vielen von den Objektpunkten ausgehenden Kugelwellen, d.h., die ursprüngliche Objektwelle wird rekonstruiert. Für den Beobachter ist es im Idealfall nicht möglich zu unterscheiden, ob sich vor dem Hologramm ein echtes Objekt befindet oder ob die Objektwelle durch Beugung an der Interferenzfigur entstanden ist. Ändert der Beobachter den Blickwinkel, so sieht er andere Teile der rekonstruierten Welle, und damit verschiebt sich auch scheinbar das Objekt. Es entsteht ein dreidimensionales Bild, welches unter verschiedenen Blickwinkeln beobachtet und sogar fotografiert werden kann (Abb. 46).

Die Aufnahme eines Hologramms erfordert einen mechanisch sehr stabilen Aufbau. Geringste Veränderungen der Abstände Objekt – Fotoplatte führen zu verschwommenen Interferenzstrukturen. Die Fotoplatte muß eine hohe örtliche Auflösung besitzen, damit auch die feinen Interferenzstrukturen richtig registriert werden. Deshalb ist unbedingt ein Laser erforderlich, denn die Referenzwelle und die das Objekt beleuchtende Welle müssen kohärent sein. Die Wiedergabe des Hologramms dagegen erfordert keinen großen Aufwand. Auch die Anforderungen an die Kohärenz sind gering, in einigen Fällen reicht sogar normales Licht einer Leuchtstofflampe.

Einige bemerkenswerte Punkte sollen noch erwähnt werden:

- Zur Aufnahme und Wiedergabe wird keine Linse benötigt, also können auch keine Linsenfehler auftreten.
- Kratzer oder Staubkörner auf dem Hologramm werden nicht direkt sichtbar, obwohl sie die Gesamtqualität beeinträchtigen.
- Die Interferenzstruktur ist über die gesamte Fotoplatte verteilt. Wird die Platte halbiert, ist auf dem Rest auch noch genügend Information enthalten, um das Bild zu rekonstruieren, aber es gehen Feinheiten verloren.
- Wählt man zur Rekonstruktion des Hologramms eine Referenzwelle mit einer größeren Wellenlänge als die der Aufnahmewelle, so vergrößert sich das Bild im Verhältnis der Wellenlängen. Eine faszinierende Vorstellung. Wenn von einem Molekül ein Röntgenhologramm (Wellenlänge 10^{-10}m) angefertigt und mit einer Wellenlänge im sichtbaren Bereich (10^{-6}) rekonstruiert wird, so kann man das Molekül 10 000-fach vergrößert betrachten.
- Auch farbige Hologramme können durch Verwendung verschiedenfarbiger Laserstrahlen hergestellt und rekonstruiert werden.

Die Holographie in vielfältigen Varianten hat einen breiten Einsatz in der Meß- und Prüftechnik gefunden:

- Prüfung von Reifen auf fehlerhafte Stellen.

- Sichtbarmachung von Schwingungen an Karosserie- und Motorteilen.
- Prägehologramme für „fälschungssichere" Ausweise.
- Speicherung von Information. Die Speicherdichte ist durch die Wellenlänge des verwendeten Lichts gegeben und unterscheidet sich nicht von den Werten, die bereits in Abschnitt 8.2 abgeschätzt wurden. Hologramme lassen jedoch auch eine dreidimensionale Speicherung zu, was theoretisch zu Speicherdichten von 10^{12} bit pro cm^3 führt.

Zum Abschluß noch zwei historische Bemerkungen: Das Prinzip der Holographie wurde bereits 1948 von *D. Gabor* (1900–1979) vorgeschlagen, wofür er mit dem Nobelpreis ausgezeichnet wurde, konnte aber damals wegen der fehlenden kohärenten Lichtquellen nicht realisiert werden. Ein Vorläufer der Holographie war die Farbphotographie von *G. J. Lippmann* (1845–1921), der hierfür 1908 den Nobelpreis erhielt. Bei dieser Farbphotographie wird ebenfalls die Interferenzfähigkeit des Lichts ausgenutzt, um Schwarz-Weiß-Strukturen zu erzeugen, die dann in Rekonstruktion zu farbigen, aber eindimensionalen Bildern führen. Das Verfahren zeichnet sich durch brillante Farben aus, ist jedoch technisch zu aufwendig und konnte sich deshalb nicht durchsetzen.

9. Nichtlineare Optik

Der linearen Optik begegnen wir täglich. Ausbreitung von Licht, Ablenkung durch Spiegel, Fokussierung mit Linsen, vergrößerte Abbildungen sehr kleiner Objekte durch Mikroskope oder Winkelvergrößerung weit entfernter Objekte durch Teleskope sind uns wohlvertraute optische Verfahren. Werden übliche Lichtquellen verwendet, bleibt hierbei die Frequenz des Lichts, also die Farbe, erhalten. Das trifft auch auf die Zerlegung weißen Lichts durch ein Prisma zu. Im weißen Licht sind bereits alle Farben enthalten, es werden keine neuen Farben erzeugt. Man bezeichnet diese Optik als linear, weil die Eigenschaften der optischen Elemente nicht von der Intensität des einfallenden Lichts abhängen.

Ganz anders verhalten sich jedoch optische Elemente, insbesondere Kristalle, bei hohen Lichtintensitäten. Frequenz und Wellenlänge ändern sich, auch kann die Lichtgeschwindigkeit in einem Medium von der Intensität abhängig werden oder das bekannte Reflexionsgesetz am Spiegel (Ausfallswinkel gleich Einfallswinkel) gilt nicht mehr. Zunächst sollte man fragen, warum die Frequenz des Lichts konstant bleibt, wenn es ein derart kompliziertes System wie einen Festkörper durchquert. Dazu muß man sich etwas genauer mit der Ausbreitung von Licht in einem Medium befassen, ein Problem, das theoretisch bereits 1931 von *Maria Goeppert-Mayer* (1906–1972) quantenmechanisch gelöst wurde. Schon damals wurde erkannt, daß die lineare Optik ein Sonderfall ist und nur für geringe Lichtintensitäten zutrifft. Man muß jedoch nicht die Quantenmechanik bemühen. Beschränkt man sich auf ein qualitatives Verständnis, so reicht hierfür ein einfaches, klassisches Modell, wie es um die Jahrhundertwende von *H. A. Lorentz* (1853–1928) entwickelt wurde.

9.1 Lichtausbreitung bei geringen Intensitäten

Den Überlegungen von Lorentz lag eine sehr einfache Vorstellung zugrunde. Danach trifft die sinusförmige, oszillierende Feldstärke E des Lichts auf ein atomgebundenes Elektron. In der klassischen Mechanik, wie sie Lorentz kannte, stellt man sich das Atom bestehend aus Kern und Elektron vor, beide miteinander verbunden durch eine Art elastischer Feder. Der Kern ist sehr viel schwerer als das Elektron (mindestens um den Faktor 2000 beim Wasserstoff) und wird sich unter dem Einfluß des Lichtfeldes kaum bewegen. Das sehr viel leichtere Elektron dagegen wird mit der Frequenz des Lichts oszillieren. Das negativ geladene Elektron schwingt periodisch gegen den positiven Atomkern, ein oszillierender Dipol ist entstanden. Aus der schon damals sehr gut verstandenen Elektrodynamik konnte H. Hertz zeigen, daß ein solcher Dipol wiederum Wellen der gleichen Frequenz abstrahlt, jedoch gegenüber der ursprünglichen Welle etwas in der Zeit verzögert. Lichtausbreitung in einem Medium bedeutet somit, daß das Licht sich von Atom zu Atom mit der Vakuumlichtgeschwindigkeit c_0 ausbreitet. Jede von den Atomen abgestrahlte Sekundärwelle der gleichen Frequenz ist etwas verzögert, überlagert sich der ursprünglichen Welle und bewirkt eine resultierende Verzögerung. Diese wird als geänderte Lichtgeschwindigkeit c im Medium interpretiert und durch die Brechzahl $n = c_0/c$ beschrieben. Je dichter die Atome, um so größer die Verzögerung. In Glas breitet sich Licht langsamer aus als in Luft und in Luft langsamer als im Vakuum. Dieses relativ einfache Modell von Lorentz liefert qualitativ die richtigen Aussagen. Ein quantitatives Verständnis wurde dann von der Quantenmechanik geliefert, jedoch ohne die Vorstellungen von Lorentz zu verändern.

An welcher Stelle kommt nun die Intensität des Lichts ins Spiel? Offensichtlich beim elastisch gebundenen Elektron. Dieses mechanische Modell ist weitreichender als man zunächst glaubt. Wenn eine mechanische Feder gedehnt wird, ist die Auslenkung zunächst proportional der wirkenden Kraft.

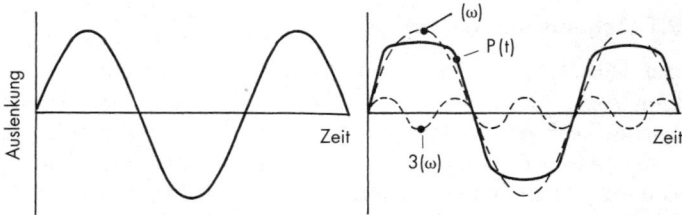

Abb. 47: Die Oszillation eines Elektrons bei geringen (links) und hohen (rechts) Intensitäten des Lichts. Bei hohen Intensitäten kann die nicht-sinusförmige Schwingung als Überlagerung zweier Sinusschwingungen der Frequenzen ω und 3ω dargestellt werden.

Doppelte Kraft führt zu doppelter Auslenkung, was bei der Federwaage technisch genutzt wird. Es ist aber auch bekannt, was bei zu starker Belastung geschieht. Die Feder reagiert nicht mehr elastisch, sie wird überdehnt, und die Auslenkung ist nicht mehr proportional der Kraft. Schließlich reißt die Feder.

Das gleiche geschieht beim Elektron. Nur bei kleinen Auslenkungen folgt es der Feldstärke des Lichts und schwingt mit der gleichen Frequenz. Bei hohen Intensitäten reagiert es unelastisch, es treten nicht-sinusförmige Auslenkungen auf, neue Frequenzen werden erzeugt, und letztlich wird das Elektron vom Atom abgetrennt. Die Zahlen in Tab. 9 veranschaulichen dies.

Tab. 9: Vergleich der Wirkungen von Sonnenlicht und Laserlicht.
Die Intensität ist in Watt pro Quadratmeter, die Feldstärke in Volt pro Meter und die Auslenkung des Elektrons in Meter angegeben. Man beachte, daß der Abstand zweier Atome in einem Festkörper bei typisch 10^{-9} m liegt.

	Intensität W/m^2	elektrische Feldstärke V/m	Auslenkung des Atomelektrons m
Sonnenlicht	≈ 1000	≈ 100	$<\approx 10^{-18}$
Laserlicht	10^{13}	$\approx 10^8$	$\approx 10^{-12}$

Diese Nichtlinearitäten sind jedem vertraut, der einmal den Verstärker seiner CD-Anlage übersteuert hat. Es treten neue, sehr unangenehme Frequenzen bei der Tonwiedergabe auf.

9.2 Erzeugung neuer Lichtfrequenzen

Die Entstehung neuer Frequenzen bei hohen Intensitäten des Lichts kann genutzt werden, um solche Lichtfrequenzen zu erzeugen, für die keine Laseroszillatoren existieren. Ein Beispiel hierfür ist die Frequenzverdopplung. Wird das rote Licht eines Rubin-Lasers ($\lambda = 0,69$ μm) in einen geeigneten Kristall eingestrahlt, so entsteht zu einem hohen Prozentsatz blaues Licht ($\lambda = 0,345$ μm). Das ist unter anderem für die Materialbearbeitung von Interesse, die insbesondere bei Metallen mit kurzwelligem Licht viel effektiver erfolgt als mit infrarotem Licht. Aber auch Lithographie oder Laserfarbfernseher benötigen grünes, blaues oder ultraviolettes Licht. Im kurzwelligen Spektralbereich stehen jedoch keine geeigneten Laser zur Verfügung.

Die Frequenzverdopplung ist leider nicht ganz so einfach, wie eben geschildert. Die Ausbreitung sowohl des infraroten als auch des grünen Lichts im Kristall erfolgt wie in Abschnitt 9.1 beschrieben. Nun muß dafür gesorgt werden, daß alle von den oszillierenden Elektronen abgestrahlten Teilwellen, die infraroten und die grünen Anteile, sich phasenrichtig überlagern. Dazu muß die Lichtgeschwindigkeit für beide Wellenlängen im Kristall gleich sein. Diese Bedingung wird Phasenanpassung genannt und ist nur bei passend geschnittenen, doppelbrechenden Kristallen erfüllt. Die Frequenz des Laserlichts kann auch verdreifacht werden, und die doppelte Frequenz kann noch einmal verdoppelt werden. Am Beispiel des Neodym-YAG-Lasers führt das dann in den ultravioletten Spektralbereich mit einer Wellenlänge von $\lambda = 0,265$ μm.

Unterhalb einer Wellenlänge von etwa 0,19 μm beginnen alle Kristalle stark zu absorbieren, und eine effiziente Konversion ist nicht mehr möglich. Werden jedoch die Kristalle durch Gase ersetzt, so sind extrem hohe Oberwellen bis in den weichen Röntgenbereich möglich, eine Alternative zum Plasma-Röntgenlaser. Durch Verwendung mehrerer Laserfrequenzen können auch Differenz- und Summenfrequenzen in nichtlinearen Kristallen erzeugt werden. Schließlich ist es auch möglich, über nichtlineare Effekte die Frequenz von Lasern kontinuierlich abzustimmen (optische, parametrische Verstärker und Oszillatoren). Alle diese Effekte waren im Bereich der Hochfrequenztechnik schon lange bekannt. In der Optik konnten sie erst nach der Entdeckung des Lasers realisiert werden.

9.3 Induzierte Streuung

Die Streuung von Licht an Molekülen oder den Inhomogenitäten eines Mediums wurde bereits in der Einleitung diskutiert. Die Analyse des Streulichts ermöglicht Aussagen über die Struktur des Streukörpers. Bereits lange vor der Entdeckung des Lasers wurde die Streuung von Licht meßtechnisch eingesetzt. Der Aufwand war jedoch wegen der intensitätsschwachen, klassischen Lichtquellen unvergleichlich höher als mit den heutigen Lasern. Zwei markante Streuverfahren sollen kurz vorgestellt werden. Sie sind verknüpft mit den Namen *C. V. Raman* (1880–1970), *A. G. S. Smekal* (1895–1959) und *L. Brillouin* (1889–1969).

Raman-Streuung. Fällt sichtbares Licht der Frequenz ν auf ein Molekül, so kann ein Photon aus dem Lichtstrom absorbiert werden. Da im allgemeinen jedoch die Photonenenergie sehr viel größer ist als die Energieabstände im Molekül, kann keine echte Absorption stattfinden. Das Photon wird sehr schnell (10^{-14} s) wieder emittiert, d. h. gestreut. Bleibt dabei die Frequenz erhalten, so handelt es sich um die bereits im letzten Jahrhundert von Lord Rayleigh beschriebene und nach ihm benannte *Rayleigh-Streuung*.

Die Frequenz des gestreuten Lichts kann aber auch von der Frequenz des ursprünglichen Lichts verschieden sein, was folgendermaßen zu erklären ist: Die verschiedenen Atome, aus denen das Molekül besteht, können als Folge thermischer Anregung gegeneinander schwingen. Diese Frequenz Ω ist eine für das Molekül charakteristische Frequenz und um den Faktor 10 bis 100 geringer als die Lichtfrequenz ν. Sie wird dem Streulicht aufgeprägt, so daß es drei Frequenzen enthält: die ursprüngliche Frequenz ν, die um Ω erhöhte Frequenz $\nu+\Omega$ und die entsprechend verringerte Frequenz ν-Ω. Dieses frequenzverschobene Streulicht, von Smekal und Raman entdeckt und beschrieben, wurde nach Raman benannt.

Aus der spektralen Analyse des Streulichts können die Moleküleigenfrequenzen Ω bestimmt werden, geeignet um Moleküle zu identifizieren (Analyse) oder auch um den Bau der Moleküle zu untersuchen.

Die einzelnen Moleküle streuen das Licht unkorreliert in alle Raumrichtungen. Es handelt sich somit um eine spontane Emission, ungerichtet und von geringer Intensität, bekannt als spontane Raman-Streuung.

Zu jeder spontanen Emission gibt es als Pendant die induzierte Emission, so auch bei der Streuung. Wird ein Photon gestreut und trifft gerade innerhalb der kurzen Verweilzeit des Photons im Molekül ein zweites Photon ein, so kann induzierte Streuung erfolgen. Beide Photonen sind jetzt korreliert, d.h., sie stimmen überein in Richtung, Frequenz und Phase. Die induzierte Streuung tritt erst bei hohen Intensitäten auf und ist im Gegensatz zur spontanen Streuung stark gerichtet. Das durch Raman-Streuung erzeugte Licht kann bei hinreichender Intensität wiederum induzierte Raman-Streuung hervorrufen, was zu erneuten Frequenzverschiebungen führt. Diese Verschiebungen können beachtlich sein, wie das in Abb. 48 skizzierte Beispiel des Benzol-Moleküls zeigt. Die Verschiebung ist mit bloßem Auge als Farbveränderung erkennbar. Das ermöglicht eine interessante Anwendung der induzierten Raman-Streuung, die Erzeugung neuer Lichtwellenlängen, d.h. die Verschiebung der Laserwellenlänge in Bereiche, für die kein Laser existiert.

Brillouin-Streuung. Inhomogenitäten in einem transparenten Medium lenken Lichtstrahlen ab, d.h. streuen Licht. Ein Sonnenstrahl, der durch die Laubkrone des Waldes dringt,

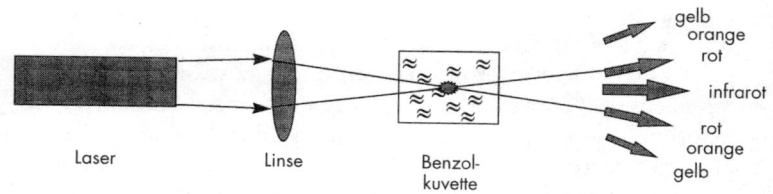

Laser   Linse   Benzol-
kuvette

gelb
orange
rot

infrarot

rot
orange
gelb

Abb. 48: Ein intensiver Rubin-Laserstrahl mit einer Wellenlänge im roten Spektralbereich (λ = 0,694 μm) fällt auf eine Kuvette mit Benzol und erzeugt eine Fülle neuer Wellenlängen.

wird für unser Auge nur sichtbar, weil Licht an den Staub- oder Wassertröpfchen der Luft gestreut wird. Ein Laserstrahl im Vakuum ist nicht zu erkennen, in der Luft können wir seinen Weg wegen der vielen streuenden Staubpartikel jedoch verfolgen. Bläst man etwas Zigarettenrauch in den Strahl, wird der Streueffekt um ein Vielfaches erhöht.

Durchsichtige Kristalle oder Flüssigkeiten sind nicht so homogen, wie sie sich dem Auge darbieten. Die Moleküle vollführen ständig statistische Bewegungen als Folge ihrer thermischen Energie. Diese Molekülbewegungen sind nicht unmittelbar zu erkennen. Aber kleine Partikel in einer Flüssigkeit vollführen eine Zitterbewegung, bedingt durch die ständigen Molekülstöße. Sie wird nach ihrem Entdecker *R. Brown* (1773–1858) die *Brownsche Molekularbewegung* genannt. Die Theorie hierzu wurde erst 1905 von Einstein geliefert.

Die statistischen Schwankungen der Moleküle führen zu Dichte- und damit zu Brechzahlschwankungen, die sich mit Schallgeschwindigkeit ausbreiten, denn Schall und Dichteschwankungen sind dasselbe. Die Frequenzen dieser Schwankungen erstrecken sich über ein ganzes Spektrum und hängen von der speziellen Flüssigkeit ab. Typische Werte liegen bei einigen 100 MHz bis GHz. Wird Licht in das Medium eingestrahlt, so erfolgt eine Streuung in alle Raumrichtungen, wobei die Frequenz des gestreuten Lichts um die Frequenz der Dichteschwankungen verschoben ist. Brillouin hat bereits

1922 diese Streuung theoretisch vorhergesagt. Der Nachweis dieser spontanen Streuung an den statistischen Schwankungen ist nicht einfach, denn es wird nur wenig Licht gestreut und die Frequenzverschiebung ist sehr gering.

Aber zu jedem spontanen Effekt gibt es den entsprechenden induzierten Effekt. Ist die Intensität des Lichts hinreichend hoch, erfolgt induzierte Brillouin-Streuung. Dieses Streulicht wird nicht mehr in alle Richtungen gestreut, sondern ausschließlich in Rückwärtsrichtung. Dem einlaufenden Lichtstrahl läuft ein in der Frequenz verschobener, induziert erzeugter Strahl entgegen, d. h., das Licht wird reflektiert. Einfallender und reflektierter Strahl sind zueinander kohärent, und in der Flüssigkeit entsteht eine Schallwelle mit der Differenzfrequenz beider Lichtstrahlen.

Ein überraschender Effekt: In ein transparentes Medium wird eine Lichtwelle eingestrahlt und oberhalb einer bestimmten Intensität zu einem großen Anteil reflektiert. Die hierfür benötigten Leistungen liegen im Bereich von 100 kW, die außerdem noch mit einer Linse fokussiert werden müssen. Der Effekt ist also nur mit einem intensiven Laser zu realisieren. Das bedeutet z. B., daß durch eine Glasfaser nicht beliebig hohe Lichtleistungen transportiert werden können. Bevor die Faser zerstört wird, tritt unter Umständen Reflexion durch induzierte Brillouin-Streuung auf.

Es gibt aber noch einen interessanten Aspekt, der bereits technisch genutzt wird. Der reflektierte Strahl besitzt eine invertierte oder gespiegelte Phasenfläche. Fällt eine Kugelwelle auf einen normalen Spiegel, so läuft die Kugelwelle nach der Reflexion weiter auseinander, wie in Abb. 49 (links) skizziert.

Bei der induzierten Brillouin-Streuung wird dagegen die Phasenfläche umgedreht (Phasenkonjugation) und das Lichtbündel läuft genau in sich zurück. Dabei wird es nach Durchlaufen der Linse in Abb. 49 (rechts) wieder zum parallelen Bündel. Die Wirkung der Linse ist aufgehoben worden. Nun kann an Stelle der Linse eine andere Störung vorliegen, welche die Qualität des Laserlichts verringert. Nach Reflexion an einem Brillouin-Medium und nochmaligem Durchlaufen

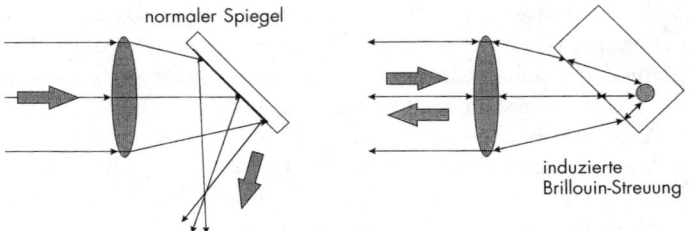

normaler Spiegel

induzierte
Brillouin-Streuung

Abb. 49: Normale Reflexion an einem Spiegel (links) und Reflexion an einem nichtlinearen Medium, in dem induzierte Brillouin-Streuung auftritt (rechts).

des störenden Objekts liegt der Strahl wieder in seiner ursprünglichen Qualität vor. Auf diese Weise lassen sich z. B. bei Hochleistungslasern die störenden Einflüsse des aktiven Mediums beseitigen. Im Prinzip können auch Linsenfehler oder Atmosphären-Störungen mit diesem Effekt eleminiert werden.

9.4 Ist das Vakuum linear? – Diracs Unterwelt

Das Vakuum ist in unserer Vorstellung leer. Es enthält keine Materie und sollte in keiner Weise durch Licht beeinflußt werden. Aber Licht breitet sich im Vakuum mit endlicher Geschwindigkeit aus. Offensichtlich wirkt das Vakuum doch auf elektromagnetische Wellen.

Paul Adrien Maurice Dirac (1902–1984) entwickelte bereits 1928 eine sehr merkwürdige Theorie, um die Eigenrotation (Eigendrehimpuls oder Spin) des Elektrons zu erklären. Ein Elektron, welches sich in Ruhe befindet, besitzt gemäß der Einsteinschen Masse-Energie-Äquivalenz $E_0 = m_e \, c_0^2$, eine Energie von $E_0 = 8,2 \cdot 10^{-14}$ Ws. Bewegt sich das Elektron, so ist seine Energie größer als dieser Wert. Im Term-Schema des Elektrons (Abb. 50) bedeutet dies, daß das Elektron sich dann im Bereich oberhalb seiner Ruheenergie aufhält. Dirac postulierte nun für das Elektron auch negative Energiewerte mit $E_0 = -8,2 \cdot 10^{-14}$ Ws und darunter. Das Vakuum sei angefüllt mit

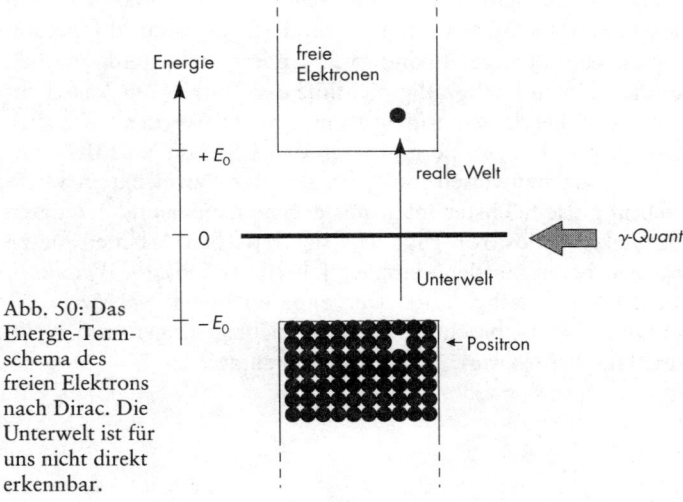

Abb. 50: Das Energie-Term-schema des freien Elektrons nach Dirac. Die Unterwelt ist für uns nicht direkt erkennbar.

diesen Elektronen negativer Energie, nur wir merken nichts davon. Der Grund hierfür ist , daß ähnlich wie bei einem Kristall, alle zulässigen Plätze besetzt sind und die negativen Ladungen durch entsprechende positive kompensiert werden. Befreit man jedoch ein Elektron durch Zufuhr von genügend Energie aus seiner „Unterwelt", so bleibt dort ein Loch mit einer positiven Ladung zurück. Diese skurrile Diracsche „Unterwelt" wurde 1932 von *C. D. Anderson* (1905–1991) durch die Entdeckung des Positrons bestätigt. Ein Photon der sehr hohen Energie $2E_0$, ein γ-Quant, hebt ein Elektron aus einem negativen Energiezustand in einen positiven. Zurück bleibt das positiv geladene Loch. Man nennt diesen Zustand *Paarerzeugung* und das Loch „Positron", das Antiteilchen zum Elektron. Es muß jedoch hinzugefügt werden, daß diese Paarerzeugung aus Gründen der Impulserhaltung nur in der Nähe anderer Atomkerne stattfinden kann. Hier soll aber nicht weiter auf die Folgerungen dieser Theorie eingegangen, sondern veranschaulicht werden, daß auch das Vakuum Eigenschaften aufweist, die man sonst nur bei Materie erwartet.

Die Quantenelektrodynamik zeigt, daß sich das Vakuum bei hohen Lichtintensitäten verändert. Es wird doppelbrechend, die Lichtgeschwindigkeit ändert sich, und letztlich kann in einem hochgradig nichtlinearen Prozeß mit Laserlicht auch ein Elektron-Positron-Paar erzeugt werden. Kürzlich gelang es einer Forschergruppe in den USA, diesen Effekt tatsächlich nachzuweisen. Sie schossen dazu zwei extem kurze Lichtimpulse höchster Intensität gegeneinander und erzeugten ein Elektron-Positron-Paar. Die theoretischen Arbeiten hierzu wurden bereits in den vierziger Jahren von *Viktor Weisskopf* (geb. 1908) durchgeführt. Der experimentelle Nachweis der Vakuum-Doppelbrechung ist noch nicht gelungen und bleibt eine Herausforderung an die Experimentatoren.

10. Ausblick

Die zukünftige technische Entwicklung der Laser ist durch die aktuelle Forschung in den Labors bereits vorgezeichnet. Höhere Leistungen und Wirkungsgrade sowie bessere Strahlqualität sind kurzfristige Zielsetzungen. Es ist weiter abzusehen, daß in wenigen Jahren die Dioden-Laser viele der heutigen Gas- und Festkörper-Laser ersetzen werden. Ihre große Standzeit, hoher Wirkungsgrad und die vielfältigen Möglichkeiten, Kristall und Dotierung an die gewünschten Eigenschaften anzupassen, sind einzigartig.

Laser im extremen Ultraviolett und im Röntgenbereich sind im Kommen. Noch ist nicht abzusehen, welches der möglichen Prinzipien zum Erfolg führen wird, der Elektronenstrahl-Laser oder der Plasma-Laser. Aber in jedem Fall wird der Röntgenstrahl-Laser einen technologischen Sprung bedeuten, da er sowohl neue Wege zur Miniaturisierung elektronischer Bauelemente eröffnet, als auch der Strukturanalyse ein einzigartiges Werkzeug anbietet.

Fortschritte sind auch im Bereich der laserinduzierten Kernfusion zu erwarten. Gigantische Lasersysteme, die ganze Hallen füllen, sind geplant, um den *„Break-Even-Point"* zu erreichen. Das ist der Betriebszustand der Fusion, bei dem mehr thermische Energie erzeugt wird, als zur Zündung aufgewendet werden muß.

Wie sieht die wissenschaftliche Zukunft aus? Heute stehen Laser zur Verfügung, die kurze Pulse mit Spitzenintensitäten von 10^{20} W/cm² liefern. Eine Steigerung um viele Größenordnungen ist möglich. Das sind unvorstellbar hohe Werte. Zum Vergleich: Das ungebündelte Sonnenlicht besitzt auf der Erde eine Intensität von 0.1 W/cm².

Die Wechselwirkung derartiger elektromagnetischer Felder mit Atomen wird zu völlig neuartigen physikalischen Effekten führen, aber nicht in dem Sinn, daß die bisherigen Theorien verworfen werden müssen. Die Wissenschaftler sind weitgehend überzeugt, daß die derzeitige quantenmechanische

Theorie auch bei höchsten Lichtintensitäten gültig ist. Trotzdem sind präzise Vorhersagen nicht immer möglich, weil die Lösung der komplexen Gleichungen sehr aufwendig ist und meistens nur Näherungslösungen zur Verfügung stehen. In diesem Sinn können die Höchstleistungslaser überraschende Effekte liefern. Insbesondere werden die im vorangehenden Abschnitt diskutierten Vakuumeffekte sich bemerkbar machen.

Es gibt jedoch einen Bereich der Physik, in dem der Laser behilflich sein könnte, neue grundlegende Erkenntnisse zu gewinnen: beim Verständnis der Gravitation. Noch ist ungewiß, ob die von der allgemeinen Relativitätstheorie Einsteins vorhergesagten Gravitationswellen existieren. Wenn ja, wie ordnet sich die Gravitation in die quantenmechanische Theorie ein? Ist auch die Gravitationswelle quantisiert, gibt es Gravitonen? Laser höchster Präzision, d. h. höchster Frequenzstabilität, sind machbar und könnten den Nachweis der Gravitationswellen ermöglichen.

11. Häufig verwendete Einheiten und Zahlenwerte

Zehnerpotenzen		Vorsilbe	Abkürzung
10^3	= Tausend	Kilo	k
10^6	= Million	Mega	M
10^9	= Milliarde	Giga	G
10^{-3}	= 1/Tausendstel	Milli	m
10^{-6}	= 1/Millionstel	Mikro	µ
10^{-9}	= 1/Milliardstel	Nano	n
10^{-12}	= 1/Billionstel	Pico	p
10^{-15}	= 1/Billiardstel	Femto	f

Längen

Meter	m	
Millimeter	1 mm	$= 10^{-3}$ m
Mikrometer	1 µm	$= 10^{-6}$ m
Nanometer	1 nm	$= 10^{-9}$ m

Leistungen

Watt	W	
Kilowatt	10^3 W	= 1 kW
Megawatt	10^6 W	= 1 MW
Gigawatt	10^9 W	= 1 GW

Energien

Joule = Wattsekunde, J = Ws
Kilojoule kJ = kWs
1 Kalorie 1 cal = 4,2 Ws
1 Kilowattstunde = 3600 J

Zeiten

Sekunde	s	
Millisekunde	10^{-3} s	= 1 ms
Mikrosekunde	10^{-6} s	= 1 µs
Nanosekunde	10^{-9} s	= 1 ns
Picosekunde	10^{-12} s	= 1 ps
Femtosekunde	10^{-15} s	= 1 fs

Frequenzen

Hertz	Hz	
Kilohertz	10^3 Hz	= 1 kHz
Megahertz	10^6 Hz	= 1 MHz
Gigahertz	10^9 Hz	= 1 GHz

1 Hertz = eine Schwingung pro Sekunde

Masse des ruhenden Elektrons	m_e	$= 9.1 \times 10^{-31}$ kg (VAs^3/m^2)
Ladung des Elektrons	e	$= 1.6 \times 10^{-19}$ As
Lichtgeschwindigkeit im Vakuum	c_0	$= 2.997 \times 10^8$ m/s
Plancksche Konstante	h	$= 6.6 \times 10^{-34}$ VAs^2
Radius der niedrigsten Bahn des Wasserstoffelektrons (Bohrscher Radius)	r_B	$= 0.5 \times 10^{-10}$ m

12. Literatur

Originalarbeiten

Die im folgenden angeführten Originalarbeiten sind teilweise schwer zu lesen und mehr für den historisch interessierten Leser gedacht. Zum Verständnis sind moderne Lehrbücher weitaus besser geeignet.

Ashkin, A., *Scientific American*, 226, 2, (1972), S. 63.

Broglie, L. de, *Licht und Materie*, S. Fischer Verlag, Frankfurt a. M. 1958.

Broglie, L. de, *Recherches sur la Théorie des Quanta*, Diss., Paris 1924.

Einstein, A., *Annalen der Physik*, 17, (1905), S. 132.

Einstein, A., *Zur Quantentheorie der Strahlung*, Mitteilungen der Physikalischen Gesellschaft Zürich, 18, (1916) und Physikalische Zeitschrift 18, (1917), S. 121.

Franciscum Baconum, *Nova Atlantis*, London 1638. Deutsch: K. J. Heinisch, Rowohlt 1960.

Göppert-Mayer, M., *Ann. Physik*, 9, 273, (1931).

Maiman, T. H., *Nature*, 187, (1960), S. 56.

Newton, I., *Opticks* (1. Auflage London 1704). Nachdruck: Dover Publications, New York 1952.

Planck, M., *Ueber eine Verbesserung der Wienschen Spectralgleichung* und *Zur Theorie des Gesetzes der Energieverteilung im Normalspectrum*, Verh. der Physikalischen Gesellschaft, 2, (1900), S. 202, S. 237.

Sagnac, I., *Journal de Physique*, 4, 177 (1914).

Schawlow, A. L./C.H. Townes, *Infrared and Optical Masers*, Physical Review, 112, (1958), S.1940.

The Scientific Papers of Lord Rayleigh, Vol. 1 u. 4, Cambridge University Press, New York 1912.

Weisskopf, V. F., *Recent Developments in the Theory of the Electron*, Rev. Mod. Phys. 21, 305, (1949).

Weiterführende Literatur

Zur Geschichte und Philosopie

Gribbin, J., *In Search Of Schrödinger's Cat*, Black Swan, London 1984.

Laue, M. v., *Geschichte der Physik*, Ullstein, Berlin 1959.

Lemmerich, J., *Zur Geschichte der Entwicklung des Lasers*, D.A.V.I.D Verlagsgesellschaft, Berlin 1987.

Popper, K. R., *Objektive Erkenntnis*, Hoffmann u. Campe, Hamburg 1973.

Ronan, J. C., *The Shorter Science and Civilization in China*, Vol. 2, Cambridge University Press, Cambridge 1981.

Sabra, I., *Theories of Light*, Cambridge University Press, Cambridge 1981.

Simonyi, K., *Kulturgeschichte der Physik*, Verlag Harri Deutsch, Thun/ Frankfurt a. M. 1990.

Allgemeine Fachbücher zur Laserphysik

Bermann, L./Schaefer C., *Lehrbuch der Experimentalphysik*, Band III, *Optik*, H.Weber, Kapitel 7, Walter de Gruyter, Berlin 1993.

Eichler, H. J./Eichler J., *Laser, Grundlagen, Systeme, Anwendungen*, Springer, Berlin/Heidelberg 1990.

Elitzur, M., *Astronomical Masers*, Kluwer, Dordrecht 1992.

Kneubühl, F. K. /Sigrist, M.W., *Laser*, Teubner, Stuttgart 1989.

Paul, H., *Photonen*, Teubner Studienbücher Physik, Stuttgart 1995.

Siegman, A. E., *Lasers*, University Science Books, Hill Valey, California 1986.

Lasersysteme

Brunner, W. /Junge, K., *Lasertechnik*, Hüthig, Heidelberg 1984.

Iffländer, R. *Festkörperlaser zur Materialbearbeitung*, Springer Verlag, Berlin/Heidelberg 1990.

Laude, L. D., *Excimer-Lasers*, Kluwer Acad. Publ. Dordrecht, Boston/ London 1994.

Marshall, T. C., *Free-Electron-Lasers*, McMillan Publ. Comp., London 1985.

Ohtsu, M., *Highly Coherent Semiconductor Lasers*, Artech House, Boston/ London 1992.

Peuser P./Schmitt N. P., *Diodengepumpte Festkörperlaser*, Springer Verlag, Berlin/Heidelberg 1995.

Schäfer, F. P., *Dye-Lasers*, Springer Verlag, Berlin/Heidelberg 1973.

Witteman, W. J., *The CO_2-Laser*, Springer Verlag, Berlin/Heidelberg *1987*.

Materialbearbeitung

Beyer, E., *Schweissen mit Laser*, Springer Verlag, Berlin/Heidelberg, 1995.

Hügel, H., *Lasermaterialbearbeitung*, B.G.Teubner, Stuttgart, 1992.

Steen, W. M., *Laser material processing*, Springer Verlag, Berlin/Heidelberg 1996.

Meßtechnik, Spektroskopie

Demtröder, W., *Grundlagen u. Technik der Laserspektroskopie*, Springer Verlag, Berlin/Heidelberg 1993.

Letokhov, W. S., *Laserspektroskopie* (WTB Nr.165), Akademie-Verlag, Berlin 1937.

Holographie

Ostrowski, J. I., *Holographie*, Thiemig, München 1987.

Nichtlineare Optik
Mills, D. L., *Nonlinear Optics*, Springer Verlag, Berlin/Heidelberg 1991.
Shen, Y. R., *The Principles of Nonlinear Optics*, J.Wiley & Sons, New York 1984.

Kurze Pulse
Herrmann, J. /Wilhelmi, B., *Laser für ultrakurze Lichtpulse*, Physik Verlag, Weinheim 1981.
Kaiser, W., *Ultrashort Laser Pulses and Applications*, Springer Verlag, Berlin/Heidelberg 1988.

Nachrichtentechnik
Herter, G., *Optische Nachrichtentechnik*, Hanser, München 1994.
Unger, H., *Optische Nachrichtentechnik*, Hüthig, Heidelberg 1993.

Analytik, Umwelt
Werner, Ch./Klein, V./Weber, K., *Luftschadstoffmessungen mit Laser*, Springer, Berlin/Heidelberg 1992.

Medizin
Berlien H. P./Müller, G., *Angewandte Lasermedizin*, ecomed verlagsgesellschaft, Landsberg/München/Zürich 1989.
Eichler J./Seiler, T., *Lasertechnik in der Medizin*, Springer Verlag, Berlin/Heidelberg 1991.

Bildnachweis

Abb. 3, 9, 17, 23, 24, 34, 45 aus: Weber H., G. Herziger, *Laser-Grundlagen und Anwendungen,* Physik Verlag, Weinheim, 1972.
Abb. 7, 13, 16, 19, 25, 27, 35 aus: Bergmann, L./C. Schäfer, *Lehrbuch der Experimentalphysik,* Band III, *Optik,* H. Weber, Kapitel 7, Walter de Gruyter, Berlin 1993.

13. Register